新手学
电脑办公

龙马高新教育◎编著

快 1100张图解轻松入门 **学会**
好 80个视频扫码解惑 **完美**

U0246195

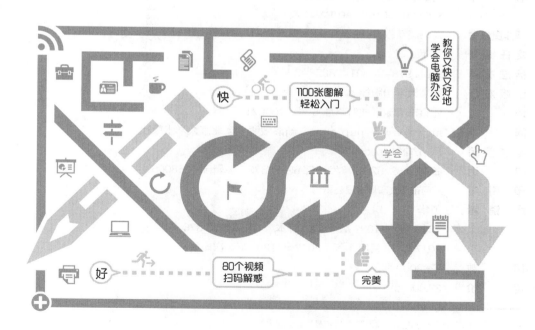

北京大学出版社
PEKING UNIVERSITY PRESS

内 容 提 要

本书通过精选案例引导读者深入学习，系统地介绍了电脑办公的相关知识和应用技巧。

全书共 12 章。第 1 ~ 4 章主要介绍电脑入门基础，包括新手学电脑基础入门、拼音和五笔打字速成、软件的安装与管理及网络的连接与管理等；第 5 ~ 10 章主要介绍 Word、Excel、PPT 的操作，包括 Word 的基本操作、文档的高级排版操作、单元格和工作表、数据管理与分析、公式与函数及 PPT 快速上手等；第 11 ~ 12 章主要介绍电脑系统，包括电脑系统的优化与安全维护及电脑系统的备份与还原。

本书不仅适合电脑办公的初、中级用户学习使用，还可以作为各类院校相关专业学生和电脑培训班学员的教材或辅导用书。

图书在版编目（ C I P ）数据

新手学电脑办公 / 龙马高新教育编著 . —— 北京：北京大学出版社 ，2017.12
ISBN 978-7-301-28828-3

Ⅰ . ①新… Ⅱ . ①龙… Ⅲ . ①办公自动化 — 应用软件 — 基本知识 Ⅳ . ① TP317.1

中国版本图书馆 CIP 数据核字 (2017) 第 246606 号

书　　　　名	**新手学电脑办公**	
	XINSHOU XUE DIANNAO BANGONG	
著作责任者	龙马高新教育 编著	
责 任 编 辑	尹 毅	
标 准 书 号	ISBN 978-7-301-28828-3	
出 版 发 行	北京大学出版社	
地　　　　址	北京市海淀区成府路 205 号　　100871	
网　　　　址	http://www.pup.cn　　新浪微博：@ 北京大学出版社	
电 子 信 箱	pup7@ pup.cn	
电　　　　话	邮购部 62752015　发行部 62750672　编辑部 62580653	
印 刷 者	三河市博文印刷有限公司	
经 销 者	新华书店	
	787 毫米 ×1092 毫米　16 开本　18.5 印张　376 千字	
	2017 年 12 月第 1 版　2017 年 12 月第 1 次印刷	
印　　　　数	1—3000 册	
定　　　　价	39.00 元	

·前言·

如今，电脑已成为人们日常工作、学习和生活中必不可少的工具之一，不仅大大地提高了工作效率，而且为人们生活带来了极大的便利。本书从实用的角度出发，结合实际应用案例，模拟真实的办公环境，介绍电脑的使用方法与技巧，旨在帮助读者全面、系统地掌握电脑在日常办公中的应用。

读者定位

本书系统详细地讲解了电脑的相关知识和应用技巧，适合有以下需求的读者学习。

※ 对电脑一无所知，或者在某方面略懂、想学习其他方面的知识。

※ 想快速掌握电脑的某方面应用技能，如打字、网上娱乐、办公……

※ 在电脑使用的过程中，遇到了难题不知如何解决。

※ 想找本书自学，在以后工作和学习过程中方便查阅知识或技巧。

※ 觉得看书学习太枯燥、学不会，希望通过视频课程进行学习。

※ 没有大量时间学习，想通过手机进行学习。

※ 担心看书自学效率不高，希望有同学、老师、专家指点迷津。

本书特色

➥ 简单易学，快速上手

本书以丰富的教学和出版经验为底蕴，学习结构切合初学者的学习特点和习惯，模拟真实的工作学习环境，帮助读者快速学习和掌握。

➥ 图文并茂，一步一图

本书图文对应，整齐美观，所有讲解的每一步操作，均配有对应的插图和注释，以便读者阅读，提高学习效率。

➥ 痛点解析，清除疑惑

本书每章最后整理了学习中常见的疑难杂症，并提供了高效的解决办法，旨在解决在工作和学习中的问题的同时，巩固和提高学习效果。

➥ 大神支招，高效实用

本书每章提供有一定质量的实用技巧，满足读者的阅读需求，也能帮助读者积累实际应用中的妙招，扩展思路。

◎ 配套资源

为了方便读者学习，本书配备了多种学习方式，供读者选择。

➥ 配套素材和超值资源

本书配送了 10 小时高清同步教学视频、本书素材和结果文件、通过互联网获取学习资源和解题方法、办公类手机 APP 索引、办公类网络资源索引、Office 十大实战应用技巧、200 个 Office 常用技巧汇总、1000 个 Office 常用模板、Excel 函数查询手册等超值资源。

（1）下载地址。

扫描下方二维码或在浏览器中输入下载链接：http://v.51pcbook.cn/download/28828.html，即可下载本书配套光盘。

提示：如果下载链接失效，请加入"办公之家"群（218192911），联系管理员获取最新下载链接。

（2）使用方法。

下载配套资源到电脑端，单击相应的文件夹可查看对应的资源。每一章所用到的素材文件均在"本书实例的素材文件、结果文件 \ 素材 \ch*"文件夹中。读者在操作时可随时取用。

➥ **扫描二维码观看同步视频**

　　使用微信、QQ 及浏览器中的"扫一扫"功能，扫描每节中对应的二维码，即可观看相应的同步教学视频。

➥ **手机版同步视频**

　　用户可以扫描下方二维码下载龙马高新教育手机 APP，用户可以直接安装到手机中，随时随地问同学、问专家，尽享海量资源。同时，我们也会不定期向读者手机中推送学习中的常见难点、使用技巧、行业应用等精彩内容，让学习更加简单高效。

💡 **更多支持**

　　本书为了更好地服务读者，专门设置了 QQ 群为读者答疑解惑，读者在阅读和学习本书

过程中可以把遇到的疑难问题整理出来，在"办公之家"群里探讨学习。另外，群文件中还会不定期上传一些办公小技巧，帮助读者更方便、快捷地操作办公软件。

作者团队

本书由龙马高新教育编著，其中，孔长征任主编，左琨、赵源源任副主编，参与本书编写、资料整理、多媒体开发及程序调试的人员有孔万里、周奎奎、张任、张田田、尚梦娟、李彩红、尹宗都、王果、陈小杰、左琨、邓艳丽、崔姝怡、侯蕾、左花苹、刘锦源、普宁、王常吉、师鸣若、钟宏伟、陈川、刘子威、徐永俊、朱涛和张允等。

在编写过程中，我们竭尽所能地为读者呈现最好、最全的实用功能，但仍难免有疏漏和不妥之处，敬请广大读者不吝指正。若在学习过程中产生疑问，或有任何建议，可以与我们联系交流。

投稿信箱：pup7@pup.cn

读者信箱：2751801073@qq.com

读者交流 QQ 群：218192911（办公之家）

·目录·

Contents

第1章 新手学电脑基础入门 1

1.1 从零开始认识电脑 2
  1.1.1 什么是电脑 2
  1.1.2 电脑都能做什么 2
1.2 电脑的组成 3
  1.2.1 电脑的硬件 3
  1.2.2 电脑的软件 4
1.3 正确开机和关机 6
  1.3.1 正确开机 6
  1.3.2 正确关机 7
1.4 熟悉 Windows 10 的桌面 7
1.5 "开始"屏幕的基本操作 10
  1.5.1 认识"开始"屏幕 10
  1.5.2 将应用程序固定到"开始"屏幕 11
  1.5.3 打开与关闭动态磁贴 11
  1.5.4 管理"开始"屏幕的分类 11
1.6 Microsoft 账户的设置与应用 12
  1.6.1 认识 Microsoft 账户 12
  1.6.2 注册并登录 Microsoft 账户 13
1.7 窗口的基本操作 15
  1.7.1 调整窗口大小 15
  1.7.2 窗口的移动与排列 18
  1.7.3 切换当前活动窗口 20
1.8 文件、文件夹的基本操作 21
  1.8.1 什么是文件和文件夹 21
  1.8.2 重命名文件 / 文件夹 22
  1.8.3 隐藏 / 显示文件或文件夹 23
  1.8.4 压缩 / 解压缩文件或文件夹 25
  1.8.5 搜索文件和文件夹 26

痛点解析 28

大神支招 30

第2章 拼音和五笔打字速成 **33**

2.1 输入法的管理 34
　2.1.1 添加和删除输入法 34
　2.1.2 安装其他输入法 35
　2.1.3 切换当前输入法 36
2.2 使用拼音输入法 36
　2.2.1 全拼输入 36
　2.2.2 简拼输入 37
　2.2.3 双拼输入 37
2.3 使用五笔输入法 38
　2.3.1 五笔字型字根的键盘图 38
　2.3.2 快速记忆字根 40
　2.3.3 汉字的拆分技巧与实例 43
　2.3.4 输入单个汉字 45
　2.3.5 万能【Z】键的妙用 48
　2.3.6 使用简码输入汉字 49
　2.3.7 词组的输入方法和技巧 52

痛点解析 55

大神支招 57

第3章 软件的安装与管理 **59**

3.1 获取软件安装包 60
　3.1.1 官网下载 60
　3.1.2 应用商店 61
　3.1.3 软件管家 62
3.2 软件的安装 63
3.3 软件的更新和升级 64
　3.3.1 软件的版本更新 64
　3.3.2 病毒库的升级 66
3.4 软件的卸载 67
　3.4.1 在"所有应用"列表中卸载 67
　3.4.2 在"开始"屏幕中卸载 68
　3.4.3 使用第三方软件卸载 68
　3.4.4 使用"设置"面板卸载 69

痛点解析 70

🎓 大神支招 73

第4章 网络的连接与管理 75

4.1 网络的连接方式与配置 76
　　4.1.1 ADSL 宽带上网 76
　　4.1.2 小区宽带上网 77
4.2 组建家庭或小型办公局域网 79
　　4.2.1 硬件的搭建 79
　　4.2.2 使用电脑配置路由器 80
　　4.2.3 将电脑接入 Wi-Fi 82
　　4.2.4 将手机接入 Wi-Fi 82
　　4.2.5 将电脑接入有线网络 83
4.3 管理路由器 85
　　4.3.1 修改和设置管理员密码 85
　　4.3.2 修改 Wi-Fi 名称和密码 85
　　4.3.3 防蹭网设置：关闭无线广播 86
　　4.3.4 控制上网设备的上网速度 88
4.4 收发邮件 89
　　4.4.1 写邮件 90
　　4.4.2 收邮件 90
　　4.4.3 回复邮件 91
　　4.4.4 转发邮件 92

🏫 痛点解析 93

🎓 大神支招 95

第5章 Word 的基本操作 97

5.1 新建与保存文档 98
　　5.1.1 新建 Word 文档 98
　　5.1.2 保存 Word 文档 102
5.2 输入文本 105
5.3 编辑文本 107
　　5.3.1 选择文本 107
　　5.3.2 复制和粘贴文本 108
5.4 文本及段落格式的设置 109
　　5.4.1 调整字体的大小和颜色 109

3

5.4.2 设置对齐方式......110

5.4.3 设置段落首行缩进......111

5.5 使用艺术字......112

5.5.1 插入艺术字......112

5.5.2 编辑艺术字......112

5.6 插入与编辑图片......116

5.6.1 插入准备好的图片......116

5.6.2 裁剪图片大小......117

5.6.3 图片的调整与美化技巧......119

5.7 使用表格......121

5.7.1 创建表格......121

5.7.2 插入行与列......122

5.7.3 删除行与列......123

5.7.4 合并单元格......124

5.7.5 拆分单元格......125

5.8 实战案例——制作公司宣传彩页......126

痛点解析......128

大神支招......130

第6章 文档的高级排版操作 133

6.1 设置页面版式布局......134

6.1.1 设置页边距......134

6.1.2 设置纸张大小......135

6.2 使用分栏排版......136

6.2.1 创建分栏版式......137

6.2.2 删除分栏版式......138

6.3 样式设置......139

6.3.1 基于现有内容的格式创建新样式......139

6.3.2 修改样式......141

6.3.3 删除文档中的样式......143

6.4 页眉和页脚......143

6.5 插入页码......145

6.5.1 添加页码......145

6.5.2 设置页码格式......146

6.6 实战案例——制作商务邀请函......147

痛点解析......153

🎓 大神支招 156

第7章 单元格和工作表 159

7.1 选定单元格 160
　　7.1.1 使用鼠标选定单元格 160
　　7.1.2 使用键盘选定单元格 160
　　7.1.3 按条件选定单元格 161
7.2 单元格操作 162
　　7.2.1 插入单元格 162
　　7.2.2 插入行或列 163
　　7.2.3 删除单元格 163
　　7.2.4 调整行高和列宽 164
7.3 设置单元格格式 164
　　7.3.1 设置字符格式 164
　　7.3.2 设置单元格对齐方式 165
　　7.3.3 设置自动换行 166
　　7.3.4 单元格合并和居中 166
　　7.3.5 设置数字格式 166
　　7.3.6 设置单元格边框 168
　　7.3.7 设置单元格底纹 169
7.4 工作表操作 170
　　7.4.1 切换工作表 170
　　7.4.2 移动复制工作表 171
　　7.4.3 重命名与删除工作表 171
　　7.4.4 隐藏操作 172
7.5 美化工作表 173
　　7.5.1 设置单元格样式 173
　　7.5.2 套用表格样式 175
7.6 实战案例——美化员工资料归档管理表 176

👨‍🏫 痛点解析 178

🎓 大神支招 179

第8章 数据管理与分析 183

8.1 常见图表的创建 184
　　8.1.1 创建显示差异的图表 184
　　8.1.2 创建显示趋势的图表 185
　　8.1.3 创建显示关系的图表 186

8.2 编辑图表 186
  8.2.1 更改图表类型 187
  8.2.2 添加图表元素 187
8.3 数据的排序 189
  8.3.1 一键快速排序 190
  8.3.2 自定义排序 190
8.4 数据的筛选 191
  8.4.1 一键添加或取消筛选 192
  8.4.2 数据的高级筛选 193
  8.4.3 自定义筛选 194
8.5 创建和编辑数据透视表 196
  8.5.1 创建数据透视表 196
  8.5.2 更改数据透视表布局 197
  8.5.3 更改字段名称 198
  8.5.4 更改数字的格式 199
  8.5.5 刷新数据透视表 199
  8.5.6 更改值的汇总依据 200
8.6 实战案例——各产品销售额分析报表 201

  痛点解析 202

  大神支招 203

第9章 公式与函数 205

9.1 公式的基础知识 206
  9.1.1 运算符及优先级 206
  9.1.2 输入和编辑公式 207
9.2 公式的使用技巧 209
  9.2.1 公式中不要直接使用数值 209
  9.2.2 精确复制公式 209
  9.2.3 将公式计算结果转换为数值 210
9.3 数据的统计 211
  9.3.1 使用 COUNT 函数统计个数 211
  9.3.2 使用 COUNTA 函数动态统计个数 212
  9.3.3 使用 COUNTIF 函数进行条件计数 213
9.4 修改错误值为任意想要的结果 214
  9.4.1 使用 IF 函数进行判断 214
  9.4.2 使用 AND、OR 函数帮助 IF 函数实现多条件改写 215
  9.4.3 使用 VLOOKUP 函数进行查找 215
9.5 海量数据查找：VLOOKUP 函数 216

9.5.1 使用 VLOOKUP 函数进行批量顺序查找.................................217

9.5.2 使用 VLOOKUP 函数进行批量无序查找.................................218

9.6 实战案例——制作公司员工工资条.................................219

痛点解析.................................223

大神支招.................................224

第 10 章 PPT 快速上手.................................225

10.1 幻灯片的基本操作.................................226

10.1.1 新建幻灯片.................................226

10.1.2 移动幻灯片.................................226

10.1.3 复制幻灯片.................................227

10.1.4 删除幻灯片.................................227

10.2 文字的外观设计.................................227

10.2.1 匹配适合的字号和间距.................................228

10.2.2 设置字体的放置方向.................................228

10.2.3 文本的对齐很重要.................................229

10.3 让你的幻灯片更加美观.................................230

10.3.1 效果是裁剪出来的.................................230

10.3.2 创建复杂的表格.................................230

10.3.3 直接创建图表.................................232

10.3.4 一条线绘制出任意图形.................................233

10.3.5 使用 SmartArt 图形绘制.................................234

10.4 PPT 动画可以这样用.................................236

10.4.1 元素是这样动起来的.................................236

10.4.2 PPT 的酷炫出场.................................239

10.4.3 动画的出场时间.................................241

10.5 实战案例——设计企业年度工作总结 PPT.................................242

痛点解析.................................248

大神支招.................................250

第 11 章 电脑系统的优化与安全维护.................................253

11.1 系统修复与病毒防护.................................254

11.1.1 修复电脑系统.................................254

11.1.2 病毒的查杀与防护.................................255

11.2 硬盘的优化.................................256

11.2.1 系统盘瘦身.................................256

11.2.2 磁盘的优化 257
11.2.3 查找电脑中的大文件 258
11.3 系统优化 259
11.3.1 禁用开机启动项 260
11.3.2 清理系统垃圾 261

痛点解析 261

大神支招 262

第 12 章 电脑系统的备份与还原 265

12.1 使用一键 GHOST 备份与还原系统 266
12.1.1 一键备份系统 266
12.1.2 一键还原系统 267
12.2 重置电脑系统 269
12.3 重新安装系统 272
12.3.1 设置电脑的第一启动 272
12.3.2 打开安装程序 273
12.3.3 为磁盘进行分区 275
12.3.4 系统安装设置 276

痛点解析 278

大神支招 280

第一章

新手学电脑基础入门

>>> 初次接触电脑，电脑的分类和组成都不清楚？

>>> 以为关机就是关闭电源，你就大错特错了。

>>> 小小的鼠标和键盘不就是单击和按吗？当然不是。

这一章就来告诉你学电脑的基础知识！

1.1 从零开始认识电脑

　　电脑已经完全融入了人们的日常生活中，成为生活、工作和学习中的一部分。对于电脑初学者而言，首先要了解什么是电脑以及电脑能做什么。

1.1.1 什么是电脑

　　电脑是计算机的俗称，由于它可以代替人脑计算数据、管理资料、处理文字和绘制图形等，因此人们形象地将计算机比喻成电脑。虽然，电脑发展至今已经很强大，但是还需要人们进行操作，告诉它要做什么、怎么做。

　　下图所示为电脑的各组成部分，可以对电脑有个初步认识。

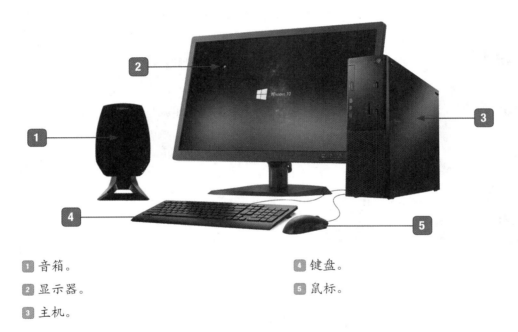

1 音箱。　　　　　　　　　　　　4 键盘。

2 显示器。　　　　　　　　　　　5 鼠标。

3 主机。

1.1.2 电脑都能做什么

　　电脑在人们的日常工作、生活和学习中，已经成为必不可少的工具之一。作为人们的得力助手，电脑不但可以处理日常的办公和学习事务，还可以上网看新闻、炒股、购物，在闲暇的时候还可以听听音乐、看看电影、玩玩游戏等。归纳起来，电脑的作用有如下几个方面。

1. 数值计算

　　数值计算是计算机应用的一个重要领域。计算机的发明和发展首先是为了完成科学研究和工程设计中大量复杂的数学计算，没有计算机，许多科学研究和工程设计，将无法进行。

2. 信息处理

信息是各类数据的总称。数据是用于表示信息的数字、字母、符号的有序组合，可以通过声、光、点、磁、纸张等各种物理介质进行传送和存储。信息处理一般泛指非数值方面的计算，如各类资料的管理、查询、统计等。

3. 实时控制

电脑在国防建设和工业生产方面都有着广泛的应用。例如，由雷达和导弹发射器组成的防空系统、地铁指挥控制系统、自动化生产线等，都需要在计算机控制下运行。

4. 计算机辅助工程

计算机辅助工程是近几年来迅速发展的一个计算机应用领域，它包括计算机辅助设计、计算机辅助制造、计算机辅助教学等多个方面。

5. 办公自动化

办公自动化（OA）是指用计算机帮助办公室人员处理日常工作。例如，用计算机进行文字处理、文档管理、资料、图像、声音处理和网络通信等。它既属于信息处理的范围，又是目前计算机应用的一个较独立的领域 。

6. 智能应用

像语言翻译、模式识别等类型的工作，既不同于单纯的科学计算，又不同于一般的数据处理。它不但要求具备很高的运算速度，还要求具备对已有的数据进行逻辑推理和总结的功能，并能利用已有的经验和逻辑规则对当前事件进行逻辑推理和判断。对此，人们称其为人工智能。

1.2 电脑的组成

电脑按照组成部分来讲，主要由硬件和软件组成，硬件是电脑的外在载体，类似于人的躯体，而软件是电脑的灵魂，相当于人的思想，电脑在工作时，二者是协同工作、缺一不可的。

1.2.1 电脑的硬件

通常情况下，一台电脑由 CPU、内存、主板、显卡、硬盘、电源和显示器等硬件组成。另外，用户也可以根据实际工作需求，添加电脑外置硬件，如打印机、扫描仪、摄影头等。下图所示为一台电脑所需的硬件。

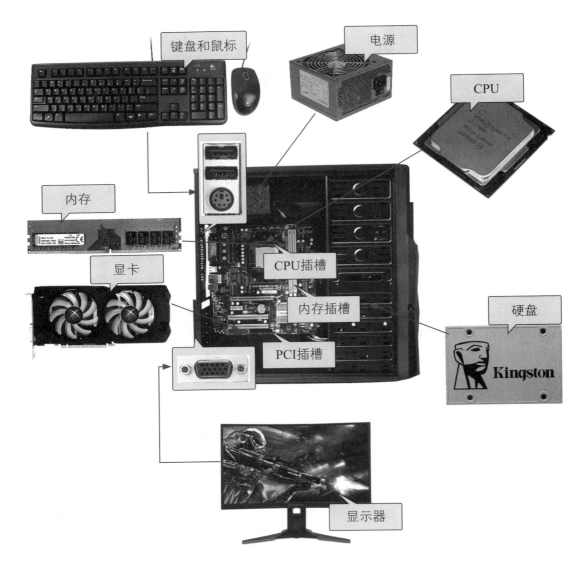

1.2.2 电脑的软件

软件是电脑系统的重要组成部分，通常情况下，电脑的软件系统可以分操作系统、驱动程序和应用软件三大类。使用不同的电脑软件，电脑可以完成许多不同的工作，使电脑具有非凡的灵活性和通用性。

1. 操作系统

操作系统是管理和控制电脑硬件与软件资源的计算机程序，是直接运行在"裸机"上的最基本的系统软件，任何其他软件都必须在操作系统的支持下才能运行。例如，电脑中

Windows 7、Windows10 及手机中的 iOS 和 Android，都是操作系统，下图所示为 Windows 10 操作系统桌面。

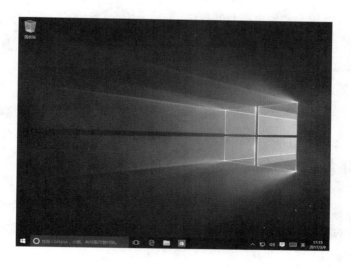

2. 驱动程序

　　驱动程序的英文名称为"Device Driver"，全称为"设备驱动程序"，是一种可以使电脑和设备通信的特殊程序，相当于硬件的接口。操作系统只有通过驱动程序，才能控制硬件设备的工作，如新电脑中常常遇到没有声音的情况，安装某个程序后，即可正常播放，而该程序就是驱动程序。因此，驱动程序被称为"硬件的灵魂""硬件的主宰""硬件和系统之间的桥梁"等。下图所示为电脑网络适配器的驱动程序信息界面。

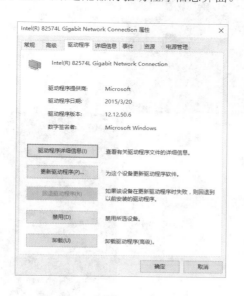

3. 应用软件

所谓应用软件，通常是指除系统程序以外的所有程序，是用户利用电脑及其提供的系统程序为解决各种实际问题而编写的应用程序，如聊天工具 QQ、360 安全卫士、Office 办公软件等，都属于应用程序。右图所示为 QQ 应用软件登录界面。

1.3 正确开机和关机

要使用电脑进行办公，首先应该学会打开和关闭电脑。作为初学者，不仅要了解打开电脑的顺序及在不同的情况下采用的打开方式，还要了解如何关闭电脑及在不同的情况下关闭电脑的方式。

1.3.1 正确开机

1 接通电源，打开显示器电源开关，再按下主机电源按钮，电脑自检后，进入 Windows 加载界面。

2 在文本框中输入密码，单击 → 按钮，或者按【Enter】键。

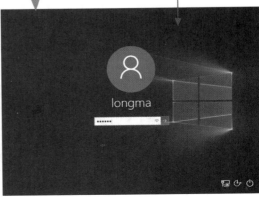

提示： 如果在安装操作系统时没有设置开机密码，则不会进入该界面，会直接进入电脑桌面。

3 正常启动电脑后，即可看到 Windows 10 系统界面。

1.3.2 正确关机

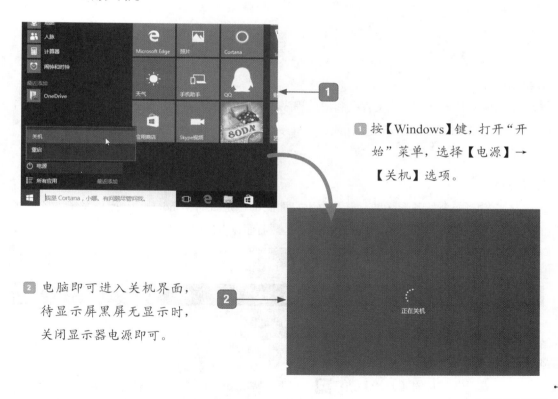

1 按【Windows】键，打开"开始"菜单，选择【电源】→【关机】选项。

2 电脑即可进入关机界面，待显示屏黑屏无显示时，关闭显示器电源即可。

1.4 熟悉 Windows 10 的桌面

电脑启动后，屏幕上显示的画面就是桌面，Windows 10 将屏幕模拟成桌面，

放置了不同的小图标,将程序都集中在"开始"菜单中,如下图所示,即为 Windows 10 的桌面。

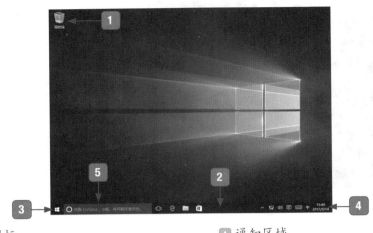

1️⃣ 桌面图标。　　　　　　　　　　　4️⃣ 通知区域。

2️⃣ 任务栏。　　　　　　　　　　　　5️⃣ 搜索框。

3️⃣ 【开始】按钮。

1. 桌面图标

桌面图标是各种文件、文件夹和应用程序等的桌面标志,图标下面的文字是该图标的名称,使用鼠标双击,可以打开该文件或应用程序。初装 Windows 10 系统,桌面上只有"回收站"一个桌面图标。

2. 任务栏

任务栏是一个长条形区域,一般位于桌面底部,是启动 Windows 10 操作系统下各程序的入口,当打开多个窗口时,任务栏会显示在最前面,方便用户进行切换操作,如下图所示。

3.【开始】按钮

单击桌面左下角的【开始】按钮 ⊞ 或按下【Windows】键,即可打开"开始"菜单,左侧依次为用户账户头像、常用的应用程序列表及快捷选项,右侧为"开始"屏幕。

1 单击【开始】按钮。

2 即可显示"开始"菜单。

4. 通知区域

通知区域一般位于任务栏的右侧。它包含一些程序图标，这些程序图标提供网络连接、声音等事项的状态和通知。安装新程序时，可以将此程序的图标添加到通知区域。

新的电脑在通知区域已有一些图标，而且某些程序在安装过程中会自动将图标添加到通知区域。用户可以更改出现在通知区域中的图标和通知，对于某些特殊图标（称为"系统图标"），还可以选择是否显示它们。

用户可以通过鼠标将图标拖动到所需的位置来更改图标在通知区域中的顺序，以及隐藏图标的顺序。

5. 搜索框

在 Windows 10 操作系统中，搜索框和 Cortana 高度集成，在搜索框中可以直接输入关键词或打开"开始"菜单输入关键词，即可搜索相关的桌面程序、网页、资料等。

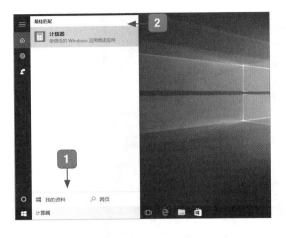

1 在搜索框中输入要搜索的关键词。

2 自动检索相关内容，单击搜索到的结果，即可打开相应的程序、网页和资料等。

1.5 "开始"屏幕的基本操作

在 Windows 10 操作系统中，"开始"屏幕（Start screen）取代了原来的"开始"菜单，实际使用起来，"开始"屏幕相对"开始"菜单具有很大的优势，因为"开始"屏幕照顾到了桌面和平板电脑用户。

1.5.1 认识"开始"屏幕

单击桌面左下角的【开始】按钮■，即可弹出【"开始"屏幕】工作界面。它主要由【最常用程序】列表、【固定程序】列表、【用户名】【所有应用】按钮、【电源】按钮和【动态磁贴】面板等组成。

1 用户名：在用户名区域显示了当前登录系统的用户，一般情况下用户名为"Administrator"，该用户为系统的管理员用户。

2 【最常用程序】列表：显示了"开始"菜单中的常用程序，通过选择不同的选项，可以快速地打开应用程序。

3 【固定程序】列表：在【固定程序】列表中包含了【所有应用】按钮、【电源】按钮、【设置】按钮和【文件资源管理器】按钮。

4 【动态磁贴】面板：Windows 10 的磁贴，有图片、文字，而且是动态的，应用程序需要更新的时候可以通过这些磁贴直接反映出来，而无须运行它们。

1.5.2 将应用程序固定到"开始"屏幕

在 Windows 10 操作系统中，用户可以将常用的应用程序或文档固定到"开始"屏幕中，以便快速查找与打开。

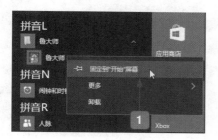

> 1 打开程序列表，选中需要固定到"开始"屏幕中的程序图标并右击，在弹出的快捷菜单中选择【固定到"开始"屏幕】选项。

> 2 随即将该程序固定到"开始"屏幕中。

> **提示**：如果想要将某个程序从"开始"屏幕中删除，可以选中该程序图标并右击，在弹出的快捷菜单中选择【从"开始"屏幕取消固定】选项即可。

1.5.3 打开与关闭动态磁贴

动态磁贴功能可以说是 Windows 10 操作系统的一大亮点，只要将应用程序的动态磁贴功能开启，就可以及时了解应用的更新信息与最新动态。

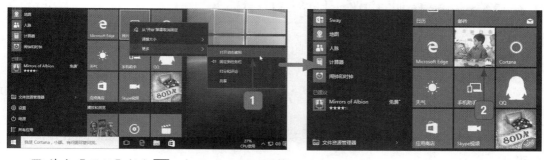

> 1 单击【开始】按钮▦，打开"开始"屏幕，右击面板中的应用程序图标，在弹出的快捷菜单中选择【更多】→【打开动态磁贴】选项。

> 2 即可看到打开的图标磁贴，显示了文件夹中的图片。

1.5.4 管理"开始"屏幕的分类

在 Windows 10 操作系统中，用户可以对"开始"屏幕进行分类管理，以便操作。

1. 选中"开始"屏幕中的应用程序图标，按住鼠标左键不放进行拖曳。

2. 松开鼠标，完成拖曳。使用同样的方法，对同类程序进行归类。

3. 移动鼠标指针至该模块的顶部，可以看到【命名组】信息提示，单击此提示进行命名操作，这里输入"游戏"。

4. 输入完成后，按【Enter】键，即可完成分类及命名。

1.6 Microsoft 账户的设置与应用

Microsoft 账户是用于登录 Windows 的电子邮件地址和密码，本节来介绍 Microsoft 账户的设置与应用。

1.6.1 认识 Microsoft 账户

在 Windows 10 操作系统中集成了很多 Microsoft 服务，都需要使用 Microsoft 账户才能使用。

使用 Microsoft 账户，可以登录并使用任何 Microsoft 应用程序和服务，如 Outlook.com、Hotmail、Office 365、OneDrive、Skype、Xbox 等，用户都需要使用 Microsoft 账户进行访问和使用，而且登录 Microsoft 账户后，还可以在多个 Windows 10 设备上同步设置和共享内容。

用户使用 Microsoft 账户登录本地计算机后，部分 Modern 应用启动时默认使用 Microsoft 账户，如 Windows 应用商店，使用 Microsoft 账户才能购买并下载 Modern 应用程序。

1.6.2 注册并登录 Microsoft 账户

要想使用 Microsoft 账户管理此设备，首先需要做的就是在此设备上注册和登录 Microsoft 账户。

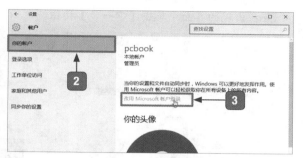

1 按【Windows】键，弹出【开始】菜单，单击本地账户头像，在弹出的菜单中选择【更改账户设置】命令。

2 在【账户】界面中选择【你的账户】选项。

3 单击【改用 Microsoft 账户登录】超链接。

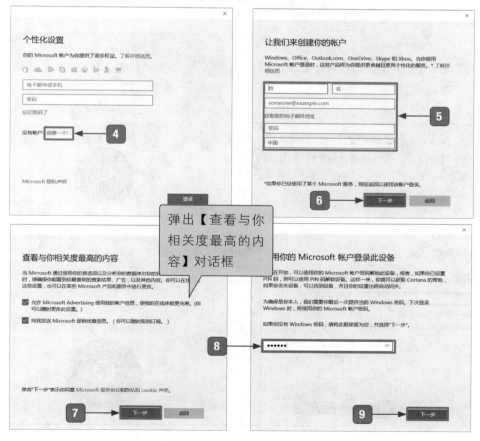

弹出【查看与你相关度最高的内容】对话框

13

4 在【个性化设置】界面中单击【创建一个！】超链接。

5 在【让我们来创建你的账户】界面的信息文本框中输入相应的信息、邮箱地址和使用密码。

6 单击【下一步】按钮。

7 在出现的界面中单击【下一步】按钮。

8 在出现界面的文本框中输入密码。

9 单击【下一步】按钮。

10 在【设置 PIN 码】界面中单击【跳过此步骤】超链接。

> **提示**：用户可以选择是否设置 PIN 码。如需设置，单击【设置 PIN】按钮，如不设置则单击【跳过此步骤】按钮。设置 PIN 码在这里不再赘述。

11 返回【账户】界面，单击【验证】超链接。

> **提示**：微软为了确保用户账户使用安全，需要对注册的邮箱或手机号进行验证。

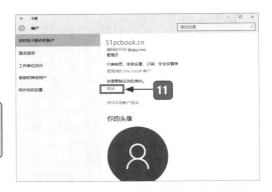

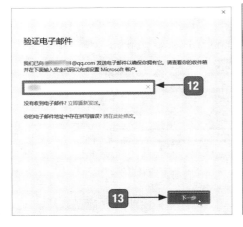

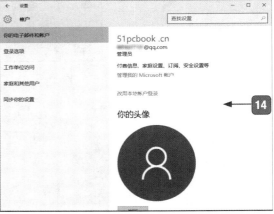

⑫ 在【验证电子邮件】界面中输入收到的四位数安全代码。

⑬ 单击【下一步】按钮。

⑭ 返回到【账户】界面，即可看到【验证】超链接已消失，则完成设置。

1.7 窗口的基本操作

在 Windows 10 操作系统中，窗口主要用来区分每个应用程序的工作区域。当执行一件工作时，双击图标打开一个程序时，即可打开相应的窗口，因此，每一个窗口就代表一个正在处理的工作。

下图所示为【此电脑】窗口，由标题栏、地址栏、工具栏、导航窗格、内容窗口、搜索栏和状态栏等部分组成。

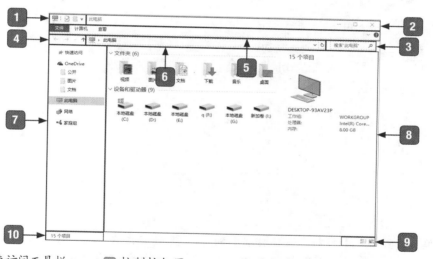

❶ 快速访问工具栏。　❹ 控制按钮区。　❼ 导航窗格。　❿ 状态栏。

❷ 标题栏。　　　　　❺ 菜单栏。　　　❽ 内容窗口。

❸ 搜索栏。　　　　　❻ 地址栏。　　　❾ 视图按钮。

1.7.1 调整窗口大小

1. 最大化与最小化窗口

窗口右上方的【最大化】按钮□和【最小化】按钮–，可以分别控制窗口的放大和缩小。

1 单击【最小化】按钮，窗口会缩小到任务栏上。

2 单击【最大化】按钮，窗口会占满整个电脑桌面。

3 窗口最大化后，【最大化】按钮□会变成【还原】按钮□。单击【还原】按钮，即可还原到系统默认窗口大小。

2.调整窗口的大小

　　除了使用最大化和最小化按钮外，还可以使用鼠标拖曳窗口的边框，任意调整窗口的大小。用户将鼠标指针移动到窗口的边缘，当鼠标指针变为↕或↔形状时，可上下或左右移动边框以纵向或横向改变窗口大小。指针移动到窗口的四个角，当鼠标指针变为⬉或⬈形状时，拖曳鼠标，可沿水平或垂直两个方向等比例放大或缩小窗口。

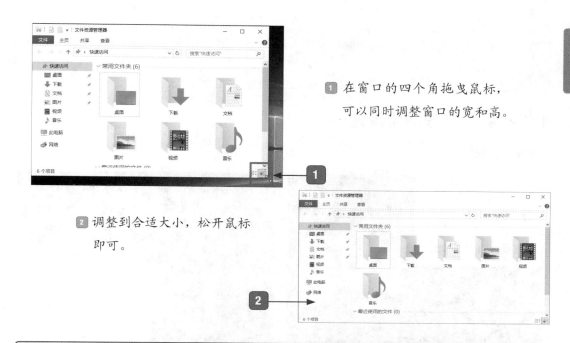

1️⃣ 在窗口的四个角拖曳鼠标，可以同时调整窗口的宽和高。

2️⃣ 调整到合适大小，松开鼠标即可。

提示： 当调整窗口大小时，如果将窗口调整的太小，以至于没有足够空间显示窗格时，窗格的内容就会自动"隐藏"起来，只需把窗口再调整大一些即可。

3. 滚动条

在调整窗口大小时，如果窗口缩得太小，而窗口中的内容超出了当前窗口显示的范围，则窗口右侧或底端会出现滚动条。当窗口可以显示所有的内容时，窗口中的滚动条则消失。

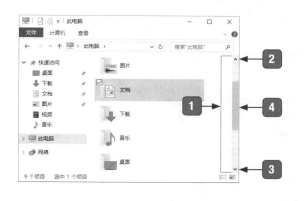

1️⃣ 拖动滚动条。

2️⃣ 向上滚动按钮：单击该按钮一下，向上滚动一行。

3️⃣ 向下滚动按钮：单击该按钮一下，向下滚动一行。

4️⃣ 滑块：按住滑块拖曳，工作区中的内容也会跟着滚动。

> **提示**：当滑块很长时，表示当前窗口文件内容不多；当滑块很短时，则表示当前窗口文件内容很多。

1.7.2 窗口的移动与排列

1. 窗口的移动

① 将鼠标指针移动到窗口的标题栏上。

② 直接拖曳到适当的位置，松开鼠标即可完成窗口移动。

> **提示**：当窗口放到最大或缩到最小时，是无法移动窗口位置的。

2. 窗口的排列

　　当打开多个窗口之后，桌面不免显得杂乱无序，如果能够对其整齐排列，则有利于对窗口操作。

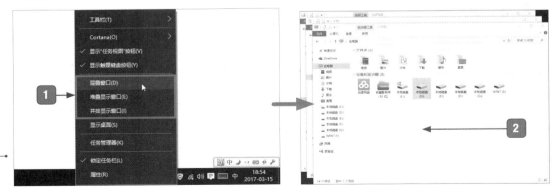

① 右击任务栏的空白处，在弹出的快捷菜单中，选择所需的窗口排列方式。

② 这里是选择【层叠窗口】命令显示的排列状态。

3. 窗口贴边显示

在 Windows 10 系统中，如果需要同时处理两个窗口时，可以将窗口贴近屏幕边缘显示。

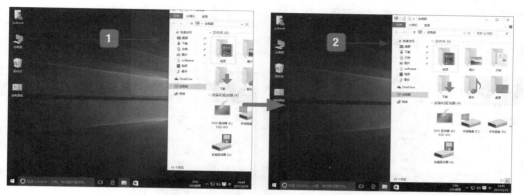

1 拖曳窗口的标题栏到屏幕的左、右边缘或角落，窗口会出现气泡。

2 松开鼠标，窗口即会贴近屏幕边缘显示。

4. 快速显示桌面

1 在任务栏的空白处右击，从弹出的快捷菜单中选择【显示桌面】命令，可将桌面上所有的窗口缩小到任务栏。

2 当显示桌面后，再次右击任务栏空白处，在弹出的快捷菜单中选择【显示打开的窗口】命令，可将所有窗口恢复之前状态。

另外，单击任务栏中通知区域右侧的显示桌面按钮，也可以快速显示桌面。

单击该按钮，显示桌面

> **提示**：按【Windows+D】组合键，可快速显示桌面，当再次按【Windows+D】组合键，可恢复先前的窗口状态。

1.7.3 切换当前活动窗口

虽然在 Windows 10 操作系统中可以同时打开多个窗口，但是当前窗口只有一个。根据需要，用户需要在各个窗口之间进行切换操作。

1. 最常用的方法——单击要切换的窗口

① 单击要切换的窗口，可以切换工作窗口。
② 被遮盖的窗口变成了工作窗口。

2. 最便捷的方法——按【Alt+Tab】组合键

利用【Alt+Tab】组合键可以快速实现各个窗口的快速切换。弹出窗口缩略图图标，按住【Alt】键不放，再按【Tab】键可以在不同的窗口之间进行切换，选择需要的窗口后，松开按键，即可打开相应的窗口。

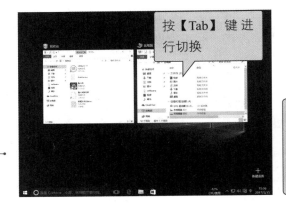

按【Tab】键进行切换

提示：按【Alt+Esc】组合键，也可在各个程序窗口之间依次切换，系统按照从左到右的顺序，依次进行选择，这种方法与按【Alt+Tab】组合键方法相比，比较耗费时间。

1.8 文件、文件夹的基本操作

在 Windows 10 操作系统当中，用户打开文件资源管理器默认显示的是快速访问界面，在快速访问界面中用户可以看到常用的文件夹、最近使用的文件等信息。

1.8.1 什么是文件和文件夹

在 Windows 10 操作系统中，文件夹主要用于存放文件，是存放文件的容器，双击桌面上的用户文件夹图标，即可看到分布的文件夹。而文件是 Windows 存取磁盘信息的基本单位，一个文件是磁盘上存储信息的一个集合，可以是文字、图片、影片和一个应用程序等。

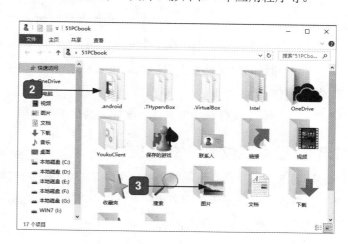

① 双击用户文件夹图标。

② 显示分布的文件夹。

③ 双击【图片】文件夹。

④ 即可显示【图片】文件夹下包含的文件。

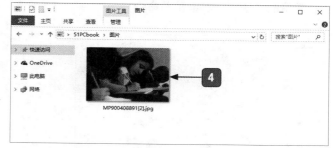

从上述操作中，不难发现文件和文件夹的关系如下图所示。

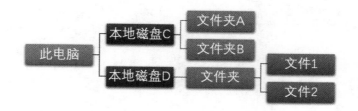

21

文件和文件夹都有名称，系统都是根据它们的名称来存取的。一般情况下，文件和文件夹的命名规则有以下几点。

（1）文件和文件夹名称长度最多可达 256 个字符，1 个汉字相当于两个字符。

（2）文件、文件夹名中不能出现英文输入法中的这些字符：斜线（\、/）、竖线（|）、小于号（<）、大于号（>）、冒号（：）、引号（"、'）、问号（？）、星号（*），在输入时，如果输入以上特殊符号，则会弹出如下图所示的提示。

文件名不能包含下列任何字符:
\ / : * ? " < > |

（3）文件和文件夹名不区分大小写字母。例如，"abc"和"ABC"是同一个文件名。

（4）通常每个文件都有对应的扩展名（通常为 3 个字符）用来表示文件的类型。文件夹通常没有扩展名。

（5）同一个文件夹中的文件、文件夹名称不能相同。

1.8.2 重命名文件 / 文件夹

新建文件或文件夹后，都是以一个默认的名称作为文件或文件夹的名称，其实用户可以在文件资源管理器或任意一个文件夹窗口中，给新建的或已有的文件或文件夹重新命名。重命名文件 / 文件夹主要有两种方法。

1. 最常用的方法——右键菜单命令

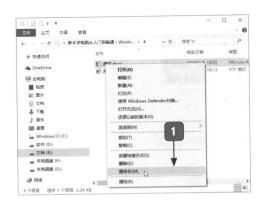
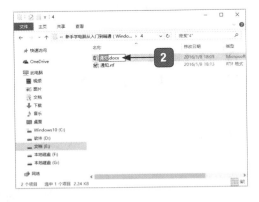

1 选中目标文件夹并右击，在弹出的快捷菜单中选择【重命名】命令。

2 文件的名称以蓝色背景显示。

3 直接输入文件的名称，按【Enter】键即可完成重命名。

提示：在重命名文件时，不能改变已有文件的扩展名，否则可能会导致文件不可用。

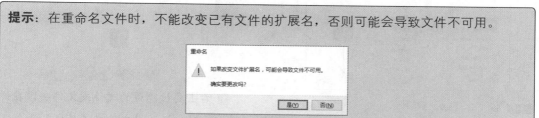

2. 最便捷的方法——快捷键【F2】

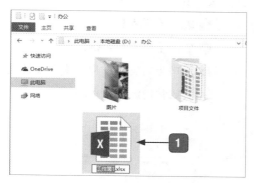

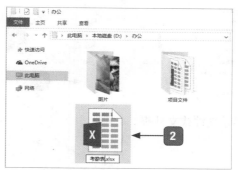

1 选中目标文件，按【F2】键，即可进入重命名状态。

2 输入文件的名称，在窗口内任意空白处单击，完成重命名。

提示：连续两次单击（不是双击）需要重命名的文件或文件夹图标下的名称，也可以使其进入重命名状态，和按【F2】键的作用一样。

23

1.8.3 隐藏 / 显示文件或文件夹

1. 隐藏文件或文件夹

隐藏文件或文件夹可以增强文件的安全性，同时可以防止误操作导致的文件丢失现象。

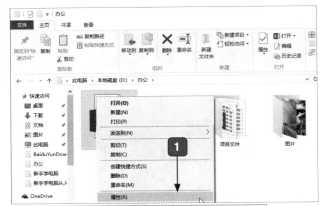

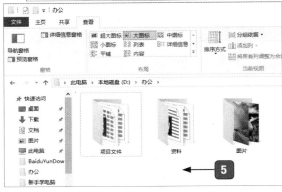

1 右击要被隐藏的文件或文件夹，在弹出的快捷菜单中选择【属性】命令。

2 在【属性】对话框中选择【常规】选项卡。

3 选中【隐藏】复选框。

4 单击【确定】按钮。

5 返回当前窗口，即可看到文件或文件夹已被隐藏。

2. 显示文件或文件夹

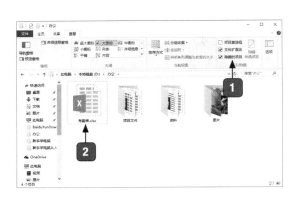

1 选中【查看】选项卡下【隐藏的项目】复选框。

2 即可看到隐藏的文件或文件夹，右击该文件。

3 在弹出的快捷菜单中，选择【属性】命令，弹出【属性】对话框，选择【常规】选项卡。

4 取消选中【隐藏】复选框。

5 单击【确定】按钮，即可完全显示隐藏的文件或文件夹。

1.8.4 压缩 / 解压缩文件或文件夹

对于特别大的文件夹，用户可以进行压缩操作，经过压缩过的文件将占用很少的磁盘空间，并有利于更快速地传输到其他计算机上，以实现网络上的共享功能。

本小节以 360 压缩软件为例，讲述如何压缩与解压缩文件或文件夹，如电脑中没有安装该软件，可自行下载并安装。

1. 压缩文件或文件夹

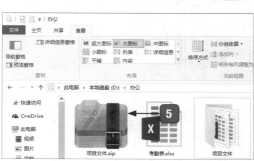

1 右击要压缩的文件或文件夹，在弹出的快捷菜单中，选择【添加到压缩文件】命令。

2 在打开的窗口中设置压缩文件的名称和压缩配置。

3 单击【立即压缩】按钮。

4 在出现的界面中显示压缩进度。

5 返回当前窗口，即可看到压缩的文件，后缀名为".zip"。

2.解压缩文件或文件夹

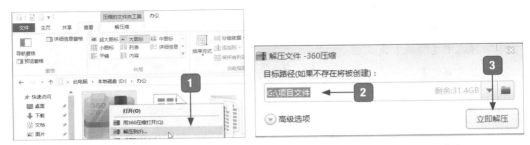

🔟 右击要解压缩的文件或文件夹，在弹出的快捷菜单中选择【解压到】命令。

🔢 在打开的界面中选择要解压的路径，可单击【目标路径】下拉按钮，进行路径选择。

🔢 单击【立即解压】按钮即可解压缩所选文件或文件夹。

1.8.5 搜索文件和文件夹

当用户忘记了文件或文件夹的位置，只是知道该文件或文件夹的名称时，就可以通过搜索功能来搜索需要文件或文件夹了。

1.简单搜索

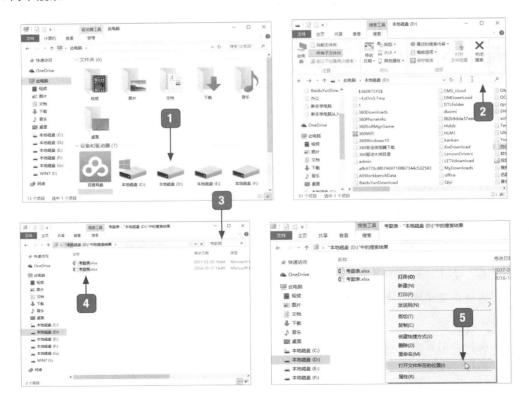

1 打开【此电脑】窗口，双击打开要搜索的磁盘。

2 进入目标磁盘，单击顶部的搜索框。

3 输入想要搜索的文件或文件夹名称。

4 即会自动搜索，并显示相关的项目文件或文件夹，双击搜索的文件或文件夹即可打开。

5 右击目标文件或文件夹，在弹出的快捷菜单中，选择【打开文件所在的位置】命令，即可进入目标文件所在的文件夹。

> **提示：** 如果不确定在哪个磁盘，可直接单击【此电脑】窗口中的搜索框。

2. 高级搜索

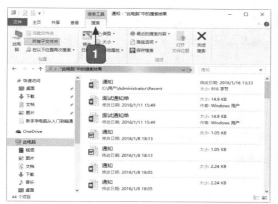

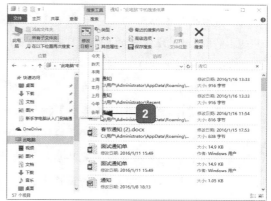

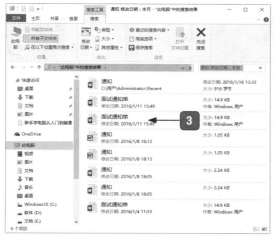

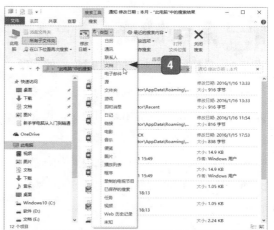

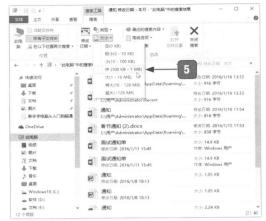
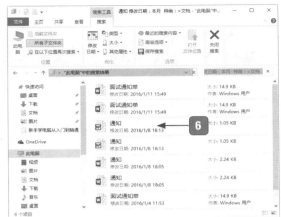

1️⃣ 在简单搜索结果的窗口中选择【搜索】选项卡，进入【搜索】功能区域。

2️⃣ 单击【优化】组中的【修改日期】按钮，在弹出的下拉列表中选择文档修改的日期范围，如选择【本月】选项。

3️⃣ 搜索结果中只显示本月的"通知"文件。

4️⃣ 单击【优化】组中的【类型】按钮，在弹出的下拉列表中可以选择搜索文件的类型。

5️⃣ 单击【优化】组中的【大小】按钮，在弹出的下拉列表中可以选择搜索文件的大小范围。

6️⃣ 当所有的搜索参数设置完毕后，系统开始自动根据用户设置的条件进行高级搜索，并将搜索结果放置在下方的窗格中。

痛点解析

痛点1：怎样解决鼠标双击变成单击的问题

小白：电脑使用时好好的，为什么双击变成单击了？

大神：这个是由于设置出现问题了，现在你不用双击，单击一下即可打开项目，使用习惯了，可以提高电脑操作效率。

小白：但是我使用不习惯怎么办，如何改过来呢？

大神：按照下面的方法，即可快速调整过来。

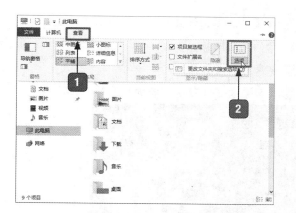

1 打开【此电脑】窗口，选择【查看】选项卡。

2 单击【显示 / 隐藏】组中的【选项】按钮。

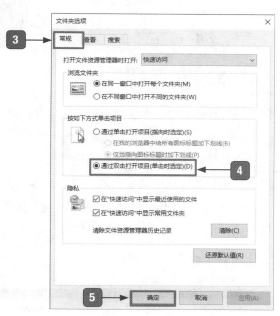

3 在【文件夹选项】界面中选择【常规】选项卡。

4 选中【通过双击打开项目（单击时选定）】单选按钮。

5 单击【确定】按钮。

痛点 2：电脑上的系统图标都"藏"哪儿了

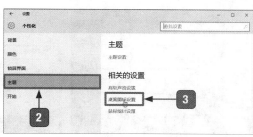

1 在桌面的空白处右击，从弹出的快捷菜单中选择【个性化】命令。

2 在【设置】界面中选择【主题】选项。

3 单击【桌面图标设置】超链接。

4 在【桌面图标设置】对话框中选中要显示的桌面图标。

5 单击【确定】按钮。

6 返回桌面，即可看到添加的系统图标。

大神支招

问：如何管理日常工作生活中的任务，并根据任务划分优先级别呢？

Any.DO 是一款帮助用户在手机上进行日程管理的软件，支持任务添加、标记完成、优先级设定等基本服务，通过手势进行任务管理等服务，如通过拖放分配任务的优先级、通过滑动标记任务完成、通过抖动手机从屏幕上清除已完成任务等。此外，Any.DO 还支持用户与亲朋好友共同合作完成任务。用户新建合作任务时，该应用提供联系建议，对那些非 Any.DO 用户成员也支持电子邮件和短信的联系方式。

1. 添加新任务

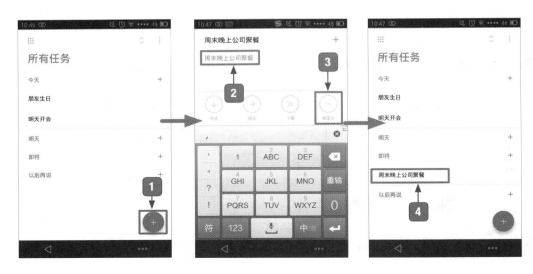

1 下载并安装 Any.DO 软件，进入主界面，点击【添加】按钮。

2 在打开的界面中输入任务内容。

3 点击【自定义】按钮，设置日期和时间。

4 完成新任务添加。

2. 设定任务的优先级

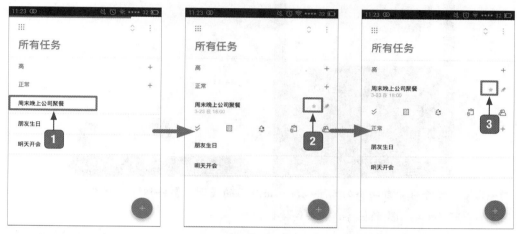

1 进入所有任务界面，选择要设定优先级的任务。

2 点击此按钮。

3 按钮变为黄色，将任务优先级设定为"高"。

3. 清除已完成任务

① 已完成任务将会自动添加删除线，点击其后的【删除】按钮即可删除。

② 如果有多个要删除的任务，点击该按钮。

③ 在弹出的菜单中选择【清除已完成】选项。

④ 在出现的提示框中点击【是】按钮。

⑤ 已清除完成任务。

拼音和五笔打字速成

>>> 电脑上的默认输入法使用很不方便，如何添加
和删除新输入法呢？

>>> 其他人拼音输入法输入速度快，想不想知道他
们是怎么做到的？

>>> 想不想掌握五笔输入的绝招呢？

这一章就来告诉你拼音和五笔打字的秘诀！

2.1 输入法的管理

输入法是指为了将各种符号输入电脑或其他设备而采用的编码方法。汉字输入的编码方法基本上都是将音、形、义与特定的键相联系，再根据不同汉字进行组合来完成汉字的输入。

2.1.1 添加和删除输入法

安装输入法之后，用户就可以将安装的输入法添加至输入法列表，不需要的输入法还可以将其删除。

1. 添加输入法

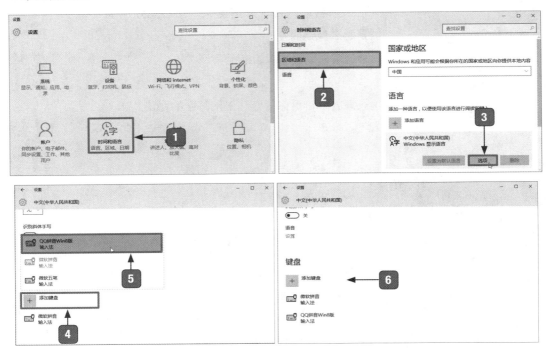

1 按【Windows+I】组合键，打开【设置】面板，选择【时间和语言】选项。

2 在打开的界面中选择【区域和语言】选项。

3 单击【中文】区域下的【选项】按钮。

4 在打开的界面中单击【添加键盘】按钮。

5 在弹出的列表中，选择要添加的输入法。

6 在打开界面的【键盘】区域下显示添加的输入法。

> **提示**：当安装新输入法时，会自动添加到电脑中，可以通过切换输入法选择使用。

2. 删除输入法

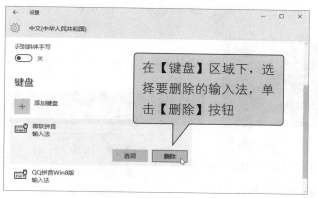

> 在【键盘】区域下，选择要删除的输入法，单击【删除】按钮

在【设置】界面的【键盘】区域下，选择要删除的输入法，单击【删除】按钮。

2.1.2 安装其他输入法

Windows 10 操作系统虽然自带了一些输入法，但不一定能满足用户的需求。用户可以安装和删除相关的输入法。安装输入法前，用户需要先从网上下载输入法程序。

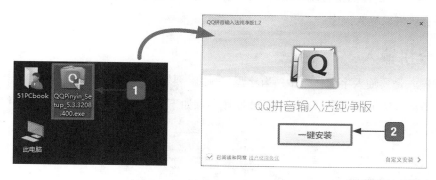

1 双击下载的输入法安装包。

2 在打开的界面中单击【一键安装】按钮。

3 软件即可进入安装过程。

4 安装完成后，单击【完成】按钮。

2.1.3 切换当前输入法

如果安装了多个输入法，可以方便地在输入法之间切换，下面介绍切换输入法的操作。

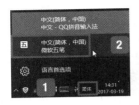

1️⃣ 单击状态栏中的输入法图标。

2️⃣ 在出现的列表中选择要切换的输入法。

3️⃣ 在状态栏中显示切换的输入法。

> **提示**：按【Windows+ 空格】组合键，即可快速切换输入法。

2.2 使用拼音输入法

拼音输入是常见的一种输入方法，用户最初的输入形式基本都是从拼音开始的。拼音输入法是按照拼音规定来进行输入汉字的，不需要特殊记忆，符合人们的思维习惯，只要会拼音就可以输入汉字。

2.2.1 全拼输入

全拼输入是要输入字的拼音中所有字母。例如，要输入"你好"，需要输入拼音"nihao"。在搜狗拼音输入法中开启全拼输入的具体操作步骤如下。

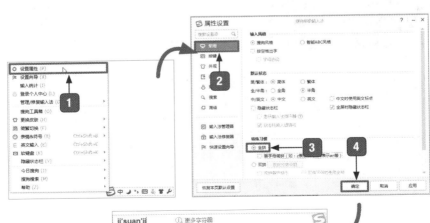

1 在搜狗拼音输入法状态条上右击，在弹出的快捷菜单中选择【设置属性】命令。

2 在【属性设置】对话框中选择【常用】选项。

3 选中【全拼】单选按钮。

4 单击【确定】按钮。

2.2.2 简拼输入

首字母输入法又称简拼输入，只需要输入字的全拼中的第一个字母即可。例如，要输入"计算机"，则需要输入拼音"jsj"。

1 打开【属性设置】对话框，选择【常用】选项。

2 选中【首字母简拼】复选框。

3 选中【超级简拼】复选框。

4 单击【确定】按钮。

5 要输入"计算机"，在简拼模式下只需要从键盘中输入"jsj"即可。

2.2.3 双拼输入

双拼输入是建立在全拼输入基础上的一种改进输入，它通过将汉语拼音中每个含多个字母的声母或韵母各自映射到某个按键上，使每个音都可以用最多两次按键打出，这种对应方案通常称为双拼方案，目前流行的拼音输入法都支持双拼输入。下图所示为搜狗拼音输入法的双拼设置界面，单击【双拼方案设置】按钮，即可对双拼方案进行设置。

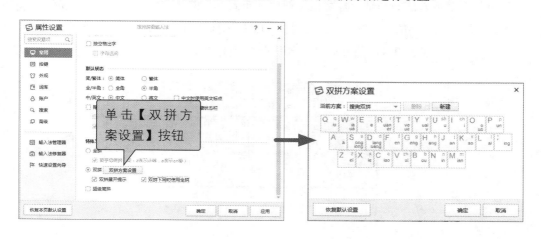

37

> **提示：** 现在拼音输入以词组输入甚至短句输入为主，双拼的效率低于全拼和简拼综合在一起的混拼输入，从而边缘化了，双拼多用于低配置且按键不太完备的手机、电子字典等。

另外，简拼由于候选词过多，使用双拼又需要输入较多的字符，开启双拼模式后，就可以采用简拼和全拼混用的模式，这样能够兼顾最少输入字母和输入效率。例如，想输入"龙马精神"，可以从键盘输入"longmajs""lmjings""lmjshen""lmajs"等都是可以的。打字熟练的人会经常使用全拼和简拼混用的方式。

2.3 使用五笔输入法

五笔字型输入法（简称五笔）是依据笔画和字形特征对汉字进行编码，是典型的形码输入法。五笔是目前常用的汉字输入法之一。五笔相对于拼音输入法具有重码率低的特点，熟练后可快速输入汉字。

2.3.1 五笔字型字根的键盘图

字根是五笔输入法的基础，将字根合理地分布到键盘的 25 个键上，这样更有利于汉字的输入。五笔根据汉字的 5 种笔画，将键盘的主键区划分为了 5 个字根区，分别为横、竖、撇、捺、折五区。下图所示的是五笔字型字根的键盘分布图。

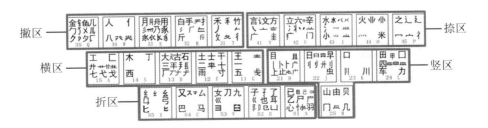

1. 横区（一区）

横是运笔方向从左到右和从左下到右上的笔画，在五笔字型中，"提（╱）"包括在横内。横区在键盘分区中又称为一区，包括 G、F、D、S、A 五个按键，分布着以"横（一）"起笔的字根。字根在横区的键位分布如下图所示。

2. 竖区（二区）

竖是运笔方向从上到下的笔画，在竖区内，把"竖左钩（亅）"同样视为竖。竖区在键盘分区中又称为二区，包括 H、J、K、L、M 五个按键，分布着以"竖（丨）"起笔的字根。字根在竖区的键位分布如下图所示。

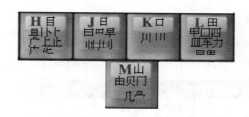

3. 撇区（三区）

撇是运笔方向从右上到左下的笔画，另外，不同角度的撇也同样视为在撇区内。撇区在键盘分区中又称为三区，包括 T、R、E、W、Q 五个按键，分布着以"撇（丿）"起笔的字根。字根在撇区的键位分布如下图所示。

4. 捺区（四区）

捺是运笔方向从左上到右下的笔画，在捺区内把"点（丶）"也同样视为捺。捺区在键盘分区中又称为四区，包括 Y、U、I、O、P 五个按键，分布着以"捺（丶）"起笔的字根。字根在捺区的键位分布如下图所示。

5. 折区（五区）

折是朝各个方向运笔都带折的笔画（除竖左钩外），如"乙""乚""𠃊""𠄌"等都属于折区。折区在键盘的分区中又称为五区，包括N、B、V、C、X五个按键，分布着以"折（乙）"起笔的字根。字根在折区的键位分布如下图所示。

2.3.2 快速记忆字根

五笔字根的数量众多，且形态各异，不容易记忆，一度成为人们学习五笔的最大障碍。在五笔的发展中，除了最初的五笔字根口诀外，还衍生出了很多帮助记忆的方法。

1. 通过口诀理解记忆字根

为了帮助五笔字型初学者记忆字根，五笔字型的创造者王永民教授，运用谐音和象形等手法编写了25句五笔字根口诀。下表所示的是五笔字根口诀及其所对应的字根。

区	键位	区位号	键名字根	字根	记忆口诀
横区	G	11	王	王主戋五一丿	王旁青头戋(兼)五一
	F	12	土	土士二干中十寸雨干雪	土士二干十寸雨
	D	13	大	大犬三毛三镸古石厂ナナナ	大犬三王(羊)古石厂
	S	14	木	木丁西覀	木丁西
	A	15	工	工戈弋廿卅廾艹匸七弋工乚	工戈草头右框七
竖区	H	21	目	目具上止𧾷卜卜丨丨广卢	目具上止卜虎皮
	J	22	日	日曰𭁐早刂刂刂虫	日早两竖与虫依
	K	23	口	口川川	口与川，字根稀
	L	24	田	田甲口皿四车力皿罒皿	田甲方框四车力
	M	25	山	山由贝门几𠘧冂刀几	山由贝，下框几
撇区	T	31	禾	禾禾竹𥫗丿彳攵夊	禾竹一撇双人立，反文条头共三一
	R	32	白	白手扌手𠂒斤厂二斤彡	白手看头三二斤
	E	33	月	月月𦥑彡爫乃用豕�豖衣𧘇氏	月彡(衫)乃用家衣底
	W	34	人	人亻八癶夾	人和八，三四里
	Q	35	金	金钅勹鱼夕𠂉𠂆儿ク乂儿夕九夂亡	金(钅)勹缺点无尾鱼，犬旁留乂儿一点夕，氏无七(妻)

区	键位	区位号	键名字根	字根	记忆口诀
捺区	Y	41	言	言讠文方、亠宀广圭乀	言文方广在四一，高头一捺谁人去
	U	42	立	立六立辛丬 丬丷丷疒门	立辛两点六门疒（病）
	I	43	水	水氺 丬 パ 氵 业 ツ 小 ツ 业	水旁兴头小倒立
	O	44	火	火业 业 灬 米 灬	火业头，四点米
	P	45	之	之 冖 宀 辶 夂 礻	之字军盖建道底，摘礻（示）衤（衣）
折区	N	51	已	已巳己尸コ尸心忄 小 羽乙乚乛フ丁乚乚乙乚	已半巳满不出己，左框折尸心和羽
	B	52	子	子孑了《《也耳阝阝凵凵卩卩	子耳了也框向上
	V	53	女	女刀九臼彐《《彐彐	女刀九臼山朝西
	C	54	又	又巴马マム乙	又巴马，丢矢矣
	X	55	纟	纟纟幺纟纟弓匕匕	慈母无心弓和匕，幼无力

2. 互动记忆字根

通过前面的学习，相信读者已经对五笔字根有了一个很深的印象。下面继续了解一下其规律，然后互动来记忆字根。

（1）横区（一）。

字根图如下图所示。

字根口诀如下。

- 11 G 王旁青头戋（兼）五一
- 12 F 土士二干十寸雨
- 13 D 大犬三羊古石厂
- 14 S 木丁西
- 15 A 工戈草头右框七

分析上面的字根图和五组字根口诀，可以发现，所在字根第一画都是横，所以当你看到一个以横开头的字根时，如土、大、王等，首先要定位到一区，即G、F、D、S、A这5个键位，这样能大大缩短键位的思考时间。

（2）竖区（丨）。字根图如下图所示。

字根口诀如下。

- 21 H 目具上止卜虎皮
- 22 J 日早两竖与虫依
- 23 K 口与川，字根稀
- 24 L 田甲方框四车力
- 25 M 山由贝，下框几

分析上面的字根图和五组字根口诀，可以发现，所在字根第一画都是竖，所以当你看到一个以竖开头的字根时，如目、日、甲等，首先要定位到二区，即 H、J、K、L、M 这 5 个键位，这样能大大缩短键位的思考时间。

（3）撇区（丿）。字根图如下图所示。

字根口诀如下。

- 31 T 禾竹一撇双人立，反文条头共三一
- 32 R 白手看头三二斤
- 33 E 月彡(衫)乃用家衣底
- 34 W 人和八，三四里
- 35 Q 金(钅)勺缺点无尾鱼，犬旁留乂儿一点夕，氏无七(妻)

分析上面的字根图和五组字根口诀，可以发现，所在字根第一画都是撇，所以当你

看到一个以撇开头的字根时，如禾、月、金等，首先要定位到三区，即 T、R、E、W、Q 这 5 个键位，这样能大大缩短键位的思考时间。

（4）捺区（丶）。字根图如下图所示。

字根口诀如下。

- 41 Y 言文方广在四一，高头一捺谁人去
- 42 U 立辛两点六门疒（病）
- 43 I 水旁兴头小倒立
- 44 O 火业头，四点米
- 45 P 之字军盖建道底，摘礻(示)衤(衣)

分析上面的字根图和五组字根口诀，可以发现，所在字根第一画都是捺，所以当你看到一个以捺开头的字根时，如文、立、米等，首先要定位到四区，即 Y、U、I、O、P 这 5 个键位，这样能大大缩短键位的思考时间。

（5）折区（乙）。字根图如下图所示。

字根口诀如下。

- 51 N 已半巳满不出己，左框折尸心和羽
- 52 B 子耳了也框向上
- 53 V 女刀九臼山朝西
- 54 C 又巴马 丢矢矣
- 55 X 慈母无心弓和匕，幼无力

分析上面的字根图和五组字根口诀，可以发现，所在字根第一画都是折，所以当你看到一个以折开头的字根时，如马、女、已等，首先要定位到五区，即 N、B、V、C、X 这

5 个键位，这样能大大缩短键位的思考时间。

互动记忆就是不管在何时何地，都能让自己练习字根。根据字母说字根口诀或根据字根口诀联想字根，还可以根据字根口诀反查字母等。互动记忆没有多少诀窍，靠的就是持之以恒，靠的就是自觉。希望读者在平时生活中不忘五笔，有事没事抽几分钟的时间想想，这样很快就能熟练知道键位，也不容易忘记。

2.3.3 汉字的拆分技巧与实例

一般输入汉字，每字最多输入四码。根据可以拆分成字根的数量可以将键外字分为 3 种，分别刚好为 4 个字根的汉字、超过 4 个字根的汉字和不足 4 个字根的汉字。下面分别介绍这 3 种键外字的输入方法。

1. 刚好是 4 个字根的汉字

按书写顺序点击该字的 4 个字根的区位码所对应的键，该字就会出现。也就是说该汉字刚好可以拆分成 4 个字根，同样此类汉字的输入方法为：第 1 个字根所在键 + 第 2 个字根所在键 + 第 3 个字根所在键 + 第 4 个字根所在键。如果有重码，选字窗口会列出同码字供你选择。你只要按你选中的字前面的序号点击相应的数字键，该字就会显示到屏幕上。

下面举例说明刚好 4 个字根的汉字的输入方法，如下表所示。

汉字	第 1 个字根	第 2 个字根	第 3 个字根	第 4 个字根	编码
照	日	刀	口	灬	JVKO
锩	钅	亻	龶	乃	QWYE
舻	丿	舟	卜	尸	TEHN
势	扌	九	、	力	RVYL
痨	疒	艹	冖	力	UAPL
登	癶	一	口	丷	WGKU
第	竹	弓	丨	丿	TXHT
屡	尸	彳	米	女	NTOV
暑	日	土	丿	日	JFTJ
楷	木	匕	匕	白	SXXR
毎	𠂉	𠂊	一	丷	TXGU
貌	爫	豸	白	儿	EERQ
踞	口	止	尸	古	KHND
倦	亻	丷	大	匚	WUDB
商	亠	冂	八	口	UMWK

续表

汉字	第 1 个字根	第 2 个字根	第 3 个字根	第 4 个字根	编码
榈	木	门	口	口	SUKK
势	扌	九	丶	力	RVYL
模	木	艹	日	大	SAJD

2. 超过 4 个字根的汉字

按照书写顺序第 1、第 2、第 3 和第末字根的所在的区位输入。则该汉字的输入方法为：第 1 个字根所在键 + 第 2 个字根所在键 + 第 3 个字根所在键 + 第末个字根所在键。下面举例说明超过 4 个字根的汉字的输入方法，如下表所示。

汉字	第 1 个字根	第 2 个字根	第 3 个字根	第末个字根	编码
攀	木	乂	乂	手	SQQR
鹏	月	月	勹	一	EEQG
煅	火	亻	三	又	OWDC
逦	一	冂	丶	辶	GMYP
偿	亻	⺌	冖	厶	WIPC
佩	亻	几	一	丄	WMGH
嗜	口	土	丿	日	KFTJ
磬	士	尸	几	石	FNMD
龋	止	人	凵	丶	HWBY
篱	⺮	文	凵	厶	TYBC
嗜	口	土	丿	日	KFTJ
嬗	女	亠	口	一	VYLG
器	口	口	犬	口	KKDK
嬗	女	亠	囗	一	VYLG
警	艹	勹	口	言	AQKY
蘖	艹	氵	匚	木	AIAS
蠲	丷	八	皿	虫	UWLJ
蓬	艹	夂	三	辶	ATDP

3. 不足 4 个字根的汉字

按书写顺序输入该字的字根后，再输入该字的末笔字型识别码，仍不足四码的补一空格键。则该汉字的输入方法为：第 1 个字根所在键 + 第 2 个字根所在键 + 第 3 个字根所在键 + 末笔识别码。下面举例说明不足 4 个字根的汉字的输入方法，如下表所示。

汉字	第 1 个字根	第 2 个字根	第 3 个字根	末笔识别码	编码
汉	氵	又	无	Y	ICY
字	宀	子	无	F	PBF
个	人	丨	无	J	WHJ
码	石	马	无	G	DCG
术	木	丶	无	K	SYI
费	弓	川	贝	U	XJMU
闲	门	木	无	I	USI
耸	人	人	耳	F	WWBF

续表

汉字	第1个字根	第2个字根	第3个字根	末笔识别码	编码
讼	讠	八	厶	Y	YWCY
完	宀	二	儿	B	PFQB
韦	二	𠃌	丨	K	FNHK
许	讠	𠂉	十	H	YTFH
序	广	マ	了	K	YCBK
华	亻	匕	十	J	WXFJ
徐	彳	人	禾	Y	TWTY
倍	亻	立	口	G	WUKG
难	又	亻	圭	G	CWYG
畜	亠	幺	田	F	YXLF

> **提示**：在添加末笔区位码中，有一个特殊情况必须记住：有走之底 "辶" 的字，尽管走之底 "辶" 写在最后，但不能用走之底 "辶" 的末笔来当识别码（否则所有走之底 "辶" 的字的末笔识别码都一样，就失去筛选作用了），而要用上面那部分的末笔来代替。例如，"连" 字的末笔取 "车" 字的末笔一竖 "K"，"迫" 字的末笔区位码取 "白" 字的最后一笔一横 "D" 等。

　　对于初学者来说，输入末笔区位识别码时，可能会有点影响思路的感觉。但必须坚持训练，务求彻底掌握，习惯了就会得心应手。当你学会用词组输入以后，就很少用到末笔区位识别码了。

2.3.4　输入单个汉字

　　在五笔字根表中把汉字分为一般汉字、键名汉字和成字字根汉字 3 种。而出现在助记词中的一些字不能按一般五笔字根表的拆分规则进行输入，它们有自己的输入方法。这些字分为两类，即 "键名汉字" 和 "成字字根汉字"。

1.5 种单笔画的输入

　　在输入键名汉字和成字字根汉字之前，先来看一下 5 种单笔画的输入。5 种单笔画是指五笔字型字根表中的 5 个基本笔画，即横（一）、竖（丨）、撇（丿）、捺（丶）和折（乙）。

　　使用五笔字型输入法可以直接输入 5 个单笔画。它们的输入方法为：字根所在键＋字根所在键＋【L】键＋【L】键，具体输入方法如下表所示。

单笔画	字根所在键	字根所在键	字母键	字母键	编码
一	G	G	L	L	GGLL
丨	H	H	L	L	HHLL
丿	T	T	L	L	TTLL
丶	Y	Y	L	L	YYLL
乙	N	N	L	L	NNLL

2. 键名汉字的输入

在五笔输入法中，每个放置字根的按键都对应一个键名汉字，即每个键中的键名汉字就是字根记忆口诀中的第一个字，如下图所示。

金 Q35	人 W34	月 E33	白 R32	禾 T31	言 Y41	立 U42	水 I43	火 O44	之 P45

工 A15	木 S14	大 D13	土 F12	王 G11	目 H21	日 J22	口 K23	田 L24

Z	纟 X55	又 C54	女 V53	子 B52	己 N51	山 M25	< ，

键名汉字共有 25 个，键名汉字的输入方法为：连续按下 4 次键名汉字所在的键位。键名汉字的输入如下表所示。

键名汉字	编码	键名汉字	编码	键名汉字	编码	键名汉字	编码
王	GGGG	目	HHHH	禾	TTTT	言	YYYY
土	FFFF	日	JJJJ	白	RRRR	立	UUUU
大	DDDD	口	KKKK	月	EEEE	水	IIII
木	SSSS	田	LLLL	人	WWWW	火	OOOO
工	AAAA	山	MMMM	金	QQQQ	之	PPPP
已	NNNN	子	BBBB	女	VVVV	又	CCCC
纟	XXXX						

3. 成字字根汉字的输入

成字字根是指在五笔字根总表中除了键名汉字以外，还有六十几个字根本身也是成字，如"五""早""米""羽"……这些字称为成字字根。

成字字根的输入方法如下。

（1）"报户口"，即按一下该字根所在的键。

（2）再按笔画输入三键，即该字的第 1、2 和末笔所在的键（成字字根笔画不足时补空格键）。即成字字根编码 = 成字字根所在键 + 首笔笔画所在键 + 次笔笔画所在键 + 末笔笔画所在键（空格键）。

下面举例说明成字字根的输入方法，如下表所示。

成字字根	字根所在键	首笔笔画	次笔笔画	末笔笔画	编码
戈	G	一	一	丿	GGGT
士	F	一	丨	一	FGHG
古	D	一	丨	一	DGHG
犬	D	一	丿	丶	DGTY
丁	S	一	丨	空格	SGH
七	A	一	乙	空格	AGN
上	H	丨	一	一	HHGG

成字字根	字根所在键	首笔笔画	次笔笔画	末笔笔画	编码
早	J	丨	乙	丨	JHNH
川	K	丿	丨	丨	KTHH
甲	L	丨	乙	丨	LHNH
由	M	丨	乙	一	MHNG
竹	T	丿	一	丨	TTGH
辛	U	、	一	丨	UYGH
干	F	一	一	丨	FGGH
弓	X	乙	一	乙	XNGN
马	C	乙	乙	一	CNNG
九	V	丿	乙	空格	VTN
米	O	、	丿	、	OYTY
巴	C	乙	丨	乙	CNHN
手	R	丿	一	丨	RTGH
臼	V	丿	丨	一	VTHG

> **提示**：成字字根汉字有一、五、戋、士、二、干、十、寸、雨、犬、三、古、石、厂、丁、西、七、弋、戈、廿、卜、上、止、曰、早、虫、川、甲、四、车、力、由、贝、几、竹、手、斤、乃、用、八、儿、夕、广、文、方、六、辛、门、小、米、己、巳、尸、心、羽、了、耳、也、刀、九、臼、巴、马、弓、匕。

4. 输入键外汉字

在五笔字型字根表中，除了键名字根和成字字根外，都为普通字根。键面汉字之外的汉字称键外汉字，汉字中绝大部分的单字都是键外汉字，它在五笔字型字根表中是找不到的。因此，五笔字型的汉字输入编码主要是指键外汉字的编码。

键外汉字的输入都必须按字根进行拆分，凡是拆分的字根少于4个的，为了凑足四码，在原编码的基础上要为其加上一个末笔识别码才能输入，末笔识别码是部分汉字输入取码必须掌握的知识。

在五笔字根表中，汉字的字型可分为以下三类。

第一类：左右型，如汉、始、倒。

第二类：上下型，如字、型、森、器。

第三类：杂合型，如国、这、函、问、句。

有一些由两个或多个字根相交而成的字，也属于第三类。例如，"必"字是由字根"心"和"丿"组成的；"毛"字是由"丿""二"和"乚"组成的。

上面讲的汉字的字型是准备知识，下面让我们来具体了解"末笔区位识别码"。务必记住8个字：

"笔画分区，字型判位"。

47

末笔通常是指一个字按笔顺书写的最后一笔，在少数情况下指某一字根的最后一笔。

我们已经知道五种笔画的代码：横为1、竖为2、撇为3、捺为4、折为5。用这个代码分区（下表中的行）；再用刚刚讲过的三类字型判位，左右为1，上下为2，杂合为3（下表中的三列）。这就构成了所谓的"末笔区位识别码"。例如：

字型 末笔		左右型 1	上下型 2	杂合型 3
横（一）	1	G（11）	F（12）	D（13）
竖（丨）	2	H（21）	J（22）	K（23）
撇（丿）	3	T（31）	R（32）	E（33）
捺（丶）	4	Y（41）	U（42）	I（43）
折（乙）	5	N（51）	B（52）	V（53）

"组"字末笔是横，区码为1；字型是左右型，位码也是1；"组"字的末笔区位识别码就是11（G）。

"笔"字末笔是折，区码应为5；字型是上下型，位码为2；所以"笔"字的末笔区位识别码为52（B）。

"问"字末笔是横，区码应为1；字型是杂合型，位码为3；所以"问"字的末笔区位识别码为13（D）。

"旱"字末笔是竖，区码应为2；字型是上下型，位码为2；所以"旱"字的末笔区位识别码为22（J）。

"困"字末笔是捺，区码应为4；字型是杂合型，位码为3；所以"困"字的末笔区位识别码为43（I）。

2.3.5 万能【Z】键的妙用

在使用五笔字型输入法输入汉字时，如果忘记某个字根所在键或不知道汉字的末笔识别码，就可用万能【Z】键来代替，它可以代替任何一个按键。

为了便于理解，下面将以举例的方式说明万能【Z】键的使用方法。

例如，"虽"字输入完字根"口"之后，不记得"虫"的键位在哪儿，就可以直接敲入【Z】键，如下图所示。

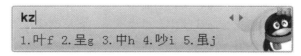

在其备选字列表中，可以看到"虽"字的字根"虫"在【J】键上，选择列表中相应的数字键，即可输入该字。

接着按照正确的编码再次进行输入，加深记忆，如下图所示。

> **提示：** 在使用万能键时，如果在候选框中未找到准备输入的汉字时，就可以在键盘上按下【+】键或【Page Down】键向后翻页，按下【-】键或【Page Up】键向前翻页进行查找。由于使用【Z】键输入重码率高，影响打字的速度，因此用户尽量不要依赖【Z】键。

2.3.6 使用简码输入汉字

为了充分利用键盘资源，提高汉字输入速度，五笔字根表还将一些最常用的汉字设为简码，只要按一键、两键或三键，再加一个空格键就可以将简码输入。下面分别来介绍这些简码字的输入。

1. 一级简码的输入

一级简码就是只需按一次键码就能出现的汉字。

在五笔键盘中根据每一个键位的特征，在 5 个区的 25 个键位（"Z"为学习键）上分别安排了一个使用频率最高的汉字，称为一级简码，即高频字，如下图所示。

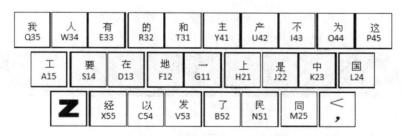

一级简码的输入方法：简码汉字所在键 + 空格键。

例如，当我们输入"要"字时，只需要按一次简码所在键"S"，即可在输入法的备选框中看到要输入的"要"字，如下图所示。

接着按下【Space】键，就可以看到已经输入的"要"字。

一级简码的出现大大提高了五笔打字的输入速度，对五笔学习初期也有极大的帮助。如果没有熟记一级简码所对应的汉字，输入速度将相对缓慢。

> **提示**：当某些词中含有一级简码时，输入一级简码的方法为：一级简码 = 首笔字根 + 次笔字根。例如，地 = 土（F）+ 也（B）；和 = 禾（T）+ 口（K）；要 = 西（S）+ 女（V）；中 = 口（K）+ 丨（H）等。

2. 二级简码的输入

二级简码就是只需按两次键码就能出现的汉字。它是由前两个字根的键码作为该字的编码，输入时只要取前两个字根，再按空格键即可。但是，并不是所有的汉字都能用二级简码来输入，五笔字型将一些使用频率较高的汉字作为二级简码。下面将举例说明二级简码的输入方法。

例如，如 = 女（V）+ 口（K）+ 空格键，如下图所示。

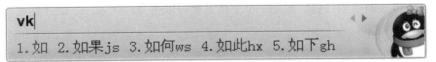

输入前两个字根的键码，再按空格键即可输入。

同样的，暗 = 日（J）+ 立（U）+ 空格键；果 = 日（J）+ 木 (S) + 空格键；炽 = 火（O）+ 口（K）+ 空格键；蝗 = 虫（J）+ 白（R）+ 空格键等。

二级简码是由 25 个键位（"Z"为学习键）代码排列组合而成的，共 25×25 个，去掉一些空字，二级简码大约 600 个。二级简码的输入方法为：第 1 个字根所在键 + 第 2 个字根所在键 + 空格键。二级简码表如下表所示。

区号 位号		11～15 GFDSA	21～25 HJKLM	31～35 TREWQ	41～45 YUIOP	51～55 NBVCX
11	G	五于天末开	下理事画现	玫珠表珍列	玉平不来	与屯妻到互
12	F	二寺城霜载	直进吉协南	才垢圾夫无	坟增示赤过	志地雪支
13	D	三夺大厅左	丰百右历面	帮原胡春克	太磁砂灰达	成顾肆友龙
14	S	本村枯林械	相查可楞机	格析极检构	术样档杰棕	杨李要权楷
15	A	七革基苛式	牙划或功贡	攻匠菜共区	芳燕东 芝	世节切芭药
21	H	睛睦睚盯虎	止旧占卤贞	睡睥肯具餐	眩瞳步眯瞎	卢 眼皮此
22	J	量时晨果虹	早昌蝇曙遇	昨蝗明蛤晚	景暗晃显晕	电最归紧昆
23	K	呈叶顺呆呀	中虽吕另员	呼听吸只史	嘛啼吵噗喧	叫啊哪吧哟
24	L	车轩因困轼	四辊加男轴	力斩胃办罗	罚较 辚边	思团轨轻累
25	M	同财央朵曲	由则 崭册	几贩骨内风	凡赠峭赕迪	岂邮 凤嶷

位号\区号		11～15 G F D S A	21～25 H J K L M	31～35 T R E W Q	41～45 Y U I O P	51～55 N B V C X
31	T	生行知条长	处得各务向	笔物秀答称	入科秒秋管	秘季委么第
32	R	后持拓打找	年提扣押抽	手白扔失换	扩拉朱搂近	所报扫反批
33	E	且肝须采肛	胖胆肿肋肌	用遥朋脸胸	及胶膛膦爱	甩服妥肥脂
34	W	全会估休代	个介保佃仙	作伯仍从你	信们偿伙	亿他分公化
35	Q	钱针然钉氏	外旬名甸负	儿铁角欠多	久匀乐炙锭	包凶争色
41	Y	主计庆订度	让刘训为高	放诉衣认义	方说就变这	记离良充率
42	U	闰半关亲并	站间部曾商	产瓣前闪交	六立冰普帝	决闻妆冯北
43	I	汪法尖洒江	小浊澡渐没	少泊肖兴光	注洋水淡学	沁池当汉涨
44	O	业灶类灯煤	粘烛炽烟灿	烽煌粗粉炮	米料炒炎迷	断籽娄烃糯
45	P	定守害宁宽	寂审宫军宙	客宾家空宛	社实宵灾之	官字安 它
51	N	怀导居 民	收慢避惭届	必怕 愉懈	心习悄屡忱	忆敢恨怪尼
52	B	卫际承阿陈	耻阳职阵出	降孤阴队隐	防联孙耿辽	也子限取陛
53	V	姨寻姑杂毁	叟旭如舅妯	九 奶 婚	妨嫌录灵巡	刀好妇妈姆
54	C	骊对参骠戏	骤台劝观	矣牟能难允	驻 驼	马邓艰双
55	X	线结顷 红	引旨强细纲	张绵级给约	纺弱纱继综	纪弛绿经比

提示： 虽然一级简码速度快，但毕竟只有 25 个，真正提高五笔打字输入速度的是这 600 多个二级简码的汉字。二级简码数量较大，靠记忆并不容易，只能在平时多加注意与练习，日积月累慢慢就会记住二级简码汉字，从而大大提高输入速度。

3. 三级简码的输入

三级简码是以单字全码中的前 3 个字根作为该字的编码。

在五笔字根表所有的简码中三级简码汉字字数很多，输入三级简码字也只需按键 4 次（含一个空格键），3 个简码字母与全码的前三者相同，但用空格代替了末字根或末笔识别码。即三级简码汉字的输入方法为：第 1 个字根所在键 + 第 2 个字根所在键 + 第 3 个字根所在键 + 空格键。由于省略了最后一个字根的判定和末笔识别码的判定，可显著提高输入速度。

三级简码汉字数量众多，有 4400 多个，故在此就不再一一列举。下面只举例说明三级简码汉字的输入，以帮助读者学习。

例如，模＝木（S）+ 艹（A）+ 日（J）+ 空格键，如下图所示。

saj
1.模 2.横竖c 3.横七竖八w 4.横暴a 5.李荞明e

输入前 3 个字根的键码，再输入空格键即可输入。

同样的，隔 = 阝（B）+ 一（G）+ 口（K）+ 空格键；输 = 车（L）+ 人（W）+ 一（G）+ 空格键；蓉 = 艹（A）+ 宀（P）+ 八（W）+ 空格键；措 = 扌（R）+ 艹（A）+ 日（J）+ 空格键；修 = 亻（W）+ 丨（H）+ 夂（T）+ 空格键等。

2.3.7 词组的输入方法和技巧

五笔输入法中不仅可以输入单个汉字，而且还提供大规模词组数据库，使输入更加快速。五笔字根表中词组输入法按词组字数分为二字词组、三字词组、四字词组和多字词组 4 种，但无论哪一种词组其编码构成数目都为四码，因此采用词组的方式输入汉字会比单个输入汉字的速度快得多。

1. 输入二字词组

二字词组输入法为：分别取单字的前两个字根代码，即第 1 个汉字的第 1 个字根所在键 + 第 1 个汉字的第 2 个字根所在键 + 第 2 个汉字的第 1 个字根所在键 + 第 2 个汉字的第 2 个字根所在键。下面举例来说明二字词组的编码规则。

例如，汉字 = 氵（I）+ 又（C）+ 宀（P）+ 子（B），如下图所示。

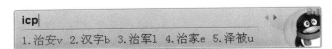

当输入"B"时，二字词组"汉字"即可输入。下表所示的是二字词组的编码规则。

词组	第 1 个字根 第 1 个汉字的 第 1 个字根	第 2 个字根 第 1 个汉字的 第 2 个字根	第 3 个字根 第 2 个汉字的 第 1 个字根	第 4 个字根 第 2 个汉字的 第 2 个字根	编码
词组	讠	乙	纟	月	YNXE
机器	木	几	口	口	SMKK
代码	亻	弋	石	马	WADC
输入	车	人	丿	、	LWTY
多少	夕	夕	小	丿	QQIT
方法	方	、	氵	土	YYIF
字根	宀	子	木	ヨ	PBSV
编码	纟	、	石	马	XYDC
中国	口	丨	囗	王	KHLG
你好	亻	勹	女	子	WQVB
家庭	宀	豖	广	丿	PEYT
帮助	三	丿	月	一	DTEG

提示：在拆分二字词组时，如果词组中包含一级简码的独体字或键名字，只需连续按两次该汉字所在键位即可；如果一级简码非独体字，就按照键外汉字的拆分方法进行拆分即可；如果包含成字字根，就按照成字字根的拆分方法进行拆分。

二字词组在汉语词汇中占有的比重较大，熟练掌握其输入方法可有效地提高五笔打字速度。

2. 输入三字词组

三字词组就是构成词组的汉字个数有 3 个。三字词组的取码规则为：前两字各取第一码，后一字取前两码。即第 1 个汉字的第 1 个字根 + 第 2 个汉字的第 1 个字根 + 第 3 个汉字的第 1 个字根 + 第 3 个汉字的第 2 个字根。下面举例说明三字词组的编码规则。

例如，计算机 = 讠（Y）+ 𥫗（T）+ 木（S）+ 几（M），如下图所示。

当输入"M"时，"计算机"三字即可输入。下表所示的是三字词组的编码规则。

词组	第 1 个字根 第 1 个汉字的 第 1 个字根	第 2 个字根 第 2 个汉字的 第 1 个字根	第 3 个字根 第 3 个汉字的 第 1 个字根	第 4 个字根 第 3 个汉字的 第 2 个字根	编码
瞧不起	目	一	土	龰	HGFH
奥运会	丿	二	人	二	TFWF
平均值	一	土	亻	十	GFWF
运动员	二	二	口	贝	FFKM
共产党	卅	立	丷	冖	AUIP
飞行员	乙	彳	口	贝	NTKM
电视机	日	礻	木	几	JPSM
动物园	二	丿	口	二	FTLF
摄影师	扌	日	刂	一	RJJG
董事长	卅	一	丿	⺊	AGTA
联合国	耳	人	口	王	BWLG
操作员	扌	亻	口	贝	RWKM

提示：在拆分三字词组时，词组中包含一级简码或键名字，如果该汉字在词组中，只需选取该字所在键位即可；如果该汉字在词组末尾又是独体字，就按其所在的键位两次作为该词的第三码和第四码；如果包含成字字根，就按照成字字根的拆分方法拆分即可。

三字词组在汉语词汇中占有的比重也很大，其输入速度大约为普通汉字输入速度的3倍，因此可以有效地提高输入速度。

3. 输入四字词组

四字词组在汉语词汇中同样占有一定的比重，其输入速度约为普通汉字的4倍，因而熟练掌握四字词组的编码对五笔打字的速度相当重要。

四字词组的编码规则为取每个单字的第一码。即第1个汉字的第1个字根 + 第2个汉字的第1个字根 + 第3个汉字的第1个字根 + 第4个汉字的第1个字根。下面举例说明四字词组的编码规则。

例如，前程似锦 = 丷（U）+ 禾（T）+ 亻（W）+ 钅（Q），如下图所示。

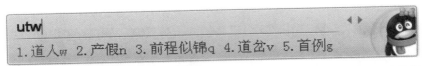

当输入"Q"时，"前程似锦"四字即可输入。下表所示的是四字词组的编码规则。

词组	第1个字根 第1个汉字的 第1个字根	第2个字根 第2个汉字的 第1个字根	第3个字根 第3个汉字的 第1个字根	第4个字根 第4个汉字的 第1个字根	编码
青山绿水	丰	山	纟	水	GMXI
势如破竹	扌	女	石	竹	RVDT
天涯海角	一	氵	氵	夕	GIIQ
三心二意	三	心	二	立	DNFU
熟能生巧	亠	厶	丿	工	YCTA
釜底抽薪	八	广	扌	卄	WYRA
刻舟求剑	亠	丿	十	人	YTFW
万事如意	丆	一	女	立	DGVU
当机立断	丷	木	立	米	ISUO
明知故犯	日	仁	古	犭	JTDQ
惊天动地	忄	一	二	土	NGFF
高瞻远瞩	亠	目	二	目	YHFH

> **提示**：在拆分四字词组时，词组中如果包含一级简码的独体字或键名字，只需选取该字所在键位即可；如果一级简码非独体字，就按照键外字的拆分方法拆分即可；如果包含成字字根，就按照成字字根的拆分方法拆分即可。

4. 输入多字词组

多字词组是指 4 个字以上的词组，能通过五笔输入法输入的多字词组并不多见，一般在使用率特别高的情况下，才能够完成输入，其输入速度非常之快。

多字词组的输入同样也是取四码，其规则为取第 1、2、3 及末字的第一码，即第 1 个汉字的第 1 个字根 + 第 2 个汉字的第 1 个字根 + 第 3 个汉字的第 1 个字根 + 第末个汉字的第 1 个字根。下面举例来说明多字词组的编码规则。

例如，中华人民共和国 = 口（K）+ 亻（W）+ 人（W）+ 囗（L），如下图所示。

当输入 "L" 时，"中华人民共和国" 七字即可输入。下表所示的是多字词组的编码规则。

词组	第 1 个字根 第 1 个汉字的 第 1 个字根	第 2 个字根 第 2 个汉字的 第 1 个字根	第 3 个字根 第 3 个汉字的 第 1 个字根	第 4 个字根 第末个汉字的 第 1 个字根	编码
中国人民解放军	口	囗	人	冖	KLWP
百闻不如一见	丆	门	一	冂	DUGM
中央人民广播电台	口	冂	人	厶	KMWC
不识庐山真面目	一	讠	广	目	GYYH
但愿人长久	亻	厂	人	夕	WDWQ
心有灵犀一点通	心	ナ	彐	龴	NDVC
广西壮族自治区	广	西	丬	匚	YSUA
天涯何处无芳草	一	氵	亻	艹	GIWA
唯恐天下不乱	口	工	一	丿	KADT
不管三七二十一	一	𥫗	三	一	GTDG

> **提示**：在拆分多字词组时，词组中如果包含一级简码的独体字或键名字，只需选取该字所在键位即可；如果一级简码非独体字，就按照键外字的拆分方法拆分即可；如果包含成字字根，就按照成字字根的拆分方法拆分即可。

痛点解析

痛点：如何造词并添加到词组中

小白：对于常用的词组不能一次输入，有什么诀窍吗？

大神：这个问题嘛，其实可以将其添加到输入法中，这样在任何时候，都可以快速输入。

小白：能不能用简拼输入这些常用词组呢，岂不是更高效？

大神：必须的，且看下面图文分解。

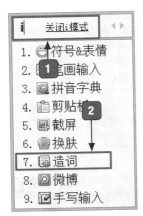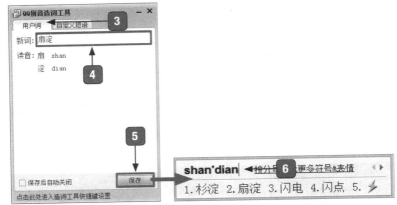

1️⃣ 在 QQ 拼音输入法下按【I】键，启动 i 模式。

2️⃣ 按【7】键。

3️⃣ 在打开的界面中选择【用户词】选项卡。

4️⃣ 在【新词】文本框中输入新词。

5️⃣ 单击【保存】按钮。

6️⃣ 返回 QQ 拼音输入法中输入拼音，即可在第二个位置上显示设置的新词。

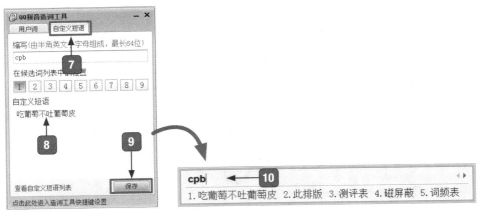

7️⃣ 切换到【自定义短语】选项卡。

8️⃣ 在【自定义短语】文本框中输入短语。

9️⃣ 单击【保存】按钮。

🔟 在输入法中输入拼音"cpb"，即可在第一个位置上显示设置的新短语。

问：互换名片后，如何快速记住别人的姓名？

　　名片全能王是一款基于智能手机的名片识别软件，它能利用手机自带相机进行拍摄名片图像，快速扫描并读取名片图像上的所有联系信息，如姓名、职位、电话、传真、公司地址、公司名称等，并自动存储到电话本与名片中心。这样，就可以在互换名片后，快速记住对方的姓名。

1 打开名片全能王主界面，点击【拍照】按钮。

2 对准名片，点击【拍照】按钮。

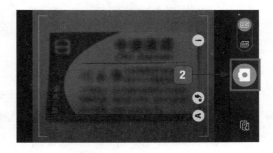

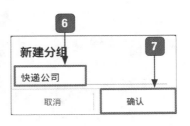

3 在打开的界面中显示识别信息，可以根据需要手动修改。

4 点击【保存】按钮。

5 在【添加到分组】界面中点击【新建分组】按钮。

6 在出现的【新建分组】文本框中输入分组名称。

7 点击【确认】按钮。

提示： （1）拍摄名片时，如果是其他语言名片，需要设置正确的识别语言（可以在【通用】界面设置识别语言）。（2）保证光线充足，名片上不要有阴影和反光。（3）在对焦后进行拍摄，尽量避免抖动。（4）如果无法拍摄清晰的名片图片，可以使用系统相机拍摄识别。

第3章

软件的安装与管理

>>> 面对电脑中一大堆的软件，不知如何查找自己
想用的软件？

>>> 新奇的应用商店，是如何使用的呢？

>>> 软件不用了，又不知道如何正确卸载？

这一章就来告诉你如何管理你电脑上的软件
应用！

3.1 获取软件安装包

获取安装软件包的方法主要有 3 种，分别是从软件的官网上下载、从应用商店中下载和从软件管家中下载，下面分别进行介绍。

3.1.1 官网下载

官网也称为官方网站，是公开团体主办者体现其意志想法、团体信息公开，并带有专用、权威、公开性质的一种网站，从官网上下载安装软件包是最常用的方法。

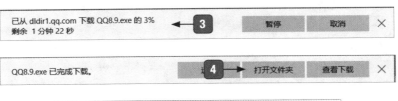

1 打开浏览器，输入软件官方地址，按【Enter】键进入软件下载界面。

2 单击【立即下载】超链接。

3 即可开始下载软件，并显示下载进度及剩余下载时间。

4 下载完成后，单击【打开文件夹】按钮。

5 即可在【下载】文件夹中显示下载的安装包。

3.1.2 应用商店

Windows 10 操作系统保留了 Windows 8 操作系统的【应用商店】功能，用户可以在【应用商店】获取安装软件包，具体的操作步骤如下。

1 单击【开始】按钮。

2 选择【所有应用】→【应用商店】选项。

3 打开【应用商店】窗口。

4 选择要下载的软件，单击【免费下载】
超链接。

5 在打开的界面中单击【获取】按钮。

> **提示：** 也可以在搜索框中输入要下载的软件名称，搜索并下载。

⑥ 即会提示软件正在开始下载信息。

⑦ 下载完成后会自动安装，单击【启动】按钮，即可打开软件。

3.1.3 软件管家

软件管家是一款一站式下载安装软件、管理软件的平台，软件管家每天提供最新最快的中文免费软件、游戏、主题下载，让用户大大节省寻找和下载资源的时间，这里以 360 软件管家为例，来介绍从软件管家中下载软件的方法。

① 打开 360 安全卫士，单击【软件管家】图标。

② 在打开的界面中选择软件的分类。

③ 找到要下载的软件后，单击【下载】按钮。

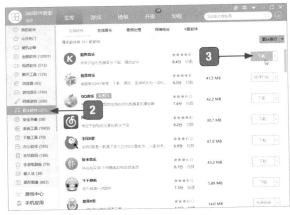

4 即可进入软件下载中，并显示下载进度。

5 下载完成后，【下载】按钮变为【纯净安装】按钮，单击该按钮直接安装软件。

3.2 软件的安装

一般情况下，软件的安装过程大致相同，大致分为运行软件的主程序、接受许可协议、选择安装路径和进行安装等几个步骤，有些收费软件还会要求添加注册码或产品序列号等。

1 双击要安装的软件图标。

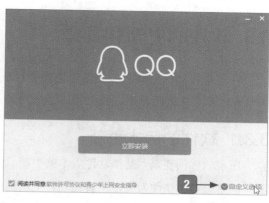

2 在打开的界面中单击【自定义选项】链接。

63

> **提示：** 在安装软件时，建议使用自定义安装，可避免一键安装时，安装第三方软件到电脑中，也可安装到指定磁盘目录下。

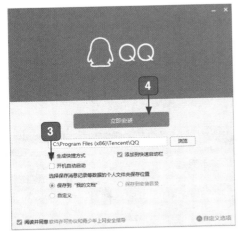

3 取消选中【开机自动启动】复选框。

4 单击【立即安装】按钮。

5 软件即可进入安装中，并显示安装进度。

6 单击【完成安装】按钮即可。

3.3 软件的更新和升级

软件不是一成不变的，而是一直处于升级和更新状态，特别是杀毒软件的病毒库，一直在升级，下面将分别讲述更新和升级的具体方法。

3.3.1 软件的版本更新

所谓软件的更新，是指软件版本的更新。软件的更新一般分为自动更新和手动更新两种，下面以更新 QQ 软件为例，来讲述软件更新的一般步骤。

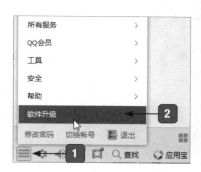

1 启动 QQ 软件，单击界面底部的【主菜单】按钮。

2 在弹出的菜单中，选择【软件升级】命令。

3 弹出【QQ 更新】对话框，单击【更新到最新版本】按钮。

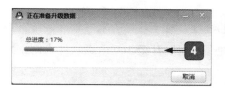
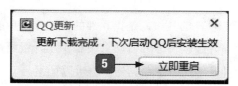

4 即可显示软件升级数据下载的进度。

5 升级完成后，窗口右下角弹出提示框，单击【立即重启】按钮。

6 打开【正在安装更新】对话框，显示更新安装的进度。

7 更新安装完成后，自动弹出 QQ 的登录界面，用户即可直接使用。

　　检测软件版本是否有版本更新，一般在软件的【设置】对话框中即可找到。除了这种方法外，用户还可以使用软件管家之类的软件，对电脑中安装的软件进行逐个或批量升级。下图所示为 360 软件管家的升级方法。

1 打开软件管家界面，选
择【升级】选项卡。
2 选中【全选】复选框。
3 单击【一键升级】按钮
即可批量升级。

3.3.2 病毒库的升级

所谓软件的升级，是指软件的数据库增加的过程。对于常见的杀毒软件，常常需要升级病毒库。升级软件分为自动升级和手动升级两种。下面以升级 360 杀毒软件为例，来讲述软件这两种升级的方法，具体操作步骤如下。

1. 手动升级病毒库

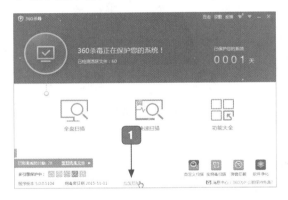

1 启动 360 杀毒软件，单击
【检查更新】链接。
2 即可检测网络中的最新病
毒库，并显示病毒库升级
的进度。
3 提示完成升级后，单击【关
闭】按钮即可。

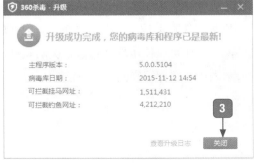

2. 自动升级病毒库

1️⃣ 启动 360 杀毒软件。

2️⃣ 选择【升级设置】选项。

3️⃣ 可根据需要进行升级设置。

4️⃣ 设置完成后，单击【确定】按钮。

3.4 软件的卸载

当安装的软件不再需要时，就可以将其卸载以便腾出更多的空间来安装需要的软件。

3.4.1 在"所有应用"列表中卸载

当软件安装完成后，会自动添加在【所有应用】列表中，如果需要卸载软件，可以在【所有应用】列表中查找是否有自带的卸载程序，下面以卸载 QQ 软件为例进行讲解。

1️⃣ 打开所有程序列表，选择【腾讯软件】→【卸载腾讯 QQ】命令。

2️⃣ 在出现的提示框中单击【是】按钮。

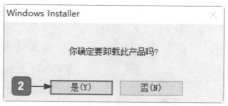

③ 即可显示 QQ 卸载的进度。　　　　④ 卸载完成后，单击【确定】按钮即可。

3.4.2 在"开始"屏幕中卸载

"开始"屏幕是 Windows 10 操作系统的亮点，用户可以在"开始"屏幕中卸载应用，这里以卸载"千千静听"应用为例，来介绍在"开始"屏幕中卸载应用的方法。

① 在"开始"屏幕中，右击需要卸载的应用，在弹出的快捷菜单中选择【卸载】选项。

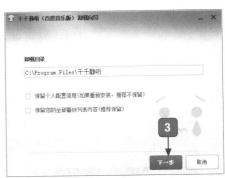

② 弹出【程序和功能】窗口，在要卸载的程序上右击，在弹出的快捷菜单中选择【卸载/更改】选项。

③ 在打开的界面中单击【下一步】按钮。

④ 卸载完成后，单击【完成】按钮即可。

3.4.3 使用第三方软件卸载

用户还可以使用第三方软件，如 360 软件管家、电脑管家等来卸载不需要的软件。

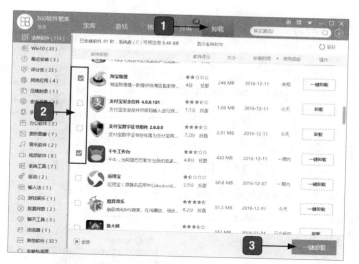

1 打开软件管家界面，选择【卸载】选项卡。

2 在要卸载的软件名称前，选中该复选框。

3 单击【一键卸载】按钮。

4 软件即会进入卸载中，等待卸载即可。

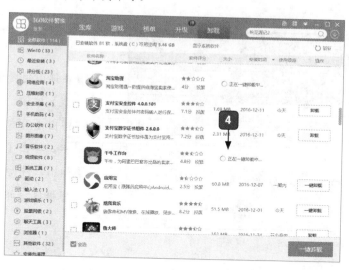

3.4.4 使用"设置"面板卸载

在 Windows 10 操作系统中，推出了【设置】面板，其集成了可控制面板的主要功能，用户也可以在【设置】面板中卸载软件。

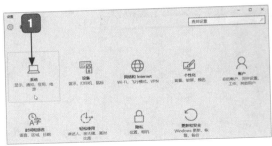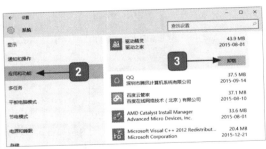

1 按【Windows+I】组合键，打开【设置】面板，单击【系统】图标。

2 在打开的界面中选择【应用和功能】选项卡。

3 选择要卸载的程序，单击程序下方的【卸载】按钮。

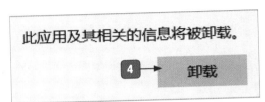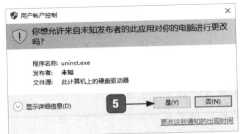

4 在弹出的提示框中单击【卸载】按钮。

5 弹出【用户账户控制】对话框，单击【是】按钮。

6 弹出软件卸载对话框，用户根据提示卸载软件即可。

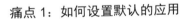 痛点解析

痛点1：如何设置默认的应用

小白：大神，我新安装了一个视频播放器，但是打开视频时，还是使用电脑自带的播放器，这是怎么回事呢？

大神：你可以打开新安装的播放器，将视频拖到里面，就可以顺利播放啦。

小白：我知道这种方法，但是有没有一劳永逸的方法，让我以后都使用这个播放器呢？

大神：那你可以设置默认的打开方式是新安装的播放器啊，下面给你介绍两种方法，帮你解决。

1. 最常用的方法——使用右键菜单命令

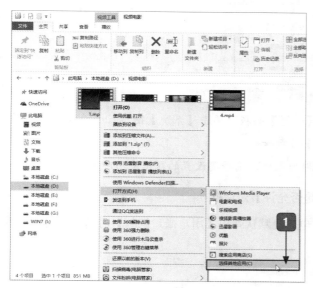

1 右击需要修改默认应用的文件，在弹出的快捷菜单中，选择【打开方式】→【选择其他应用】命令。

2 在打开的界面中选择要打开的默认应用。

3 选中要默认应用的复选框。

4 单击【确定】按钮，即可完成设置。

2. 最便捷的方法——使用设置面板

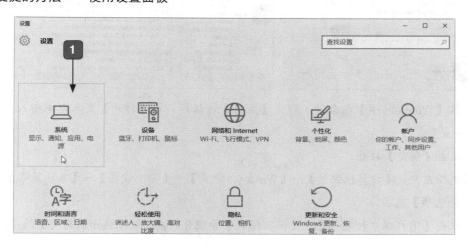

 电脑办公 >>>

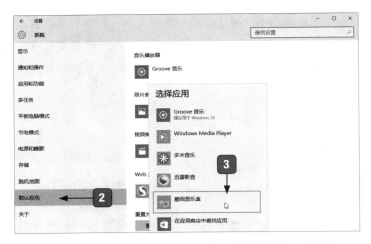

■ 按【Windows+I】组合键，打开【设置】面板，单击【系统】图标。

■ 在打开的界面中选择【默认应用】选项卡。

■ 选择要更改的应用，在弹出的应用列表中，选择要设置的默认应用即可。

痛点2：如何取消软件安装时弹出的【是否允许】对话框

在对电脑安装软件或启动程序时，电脑会默认弹出【用户账户控制】对话框，提示是否对电脑进行更改，用户可以将其取消。

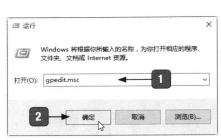

72

■ 按【Windows+R】组合键，打开【运行】对话框，在【打开】文本框中输入"gpedit.msc"。

■ 单击【确定】按钮。

■ 选择左侧的【计算机配置】→【Windows 设置】→【安全设置】→【本地策略】→【安全选项】选项。

■ 双击【用户账户控制：管理员批准模式中管理员的提升权限提示的行为】选项。

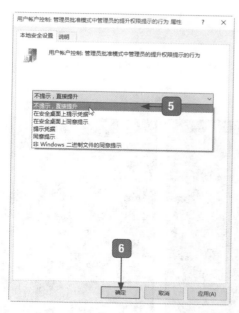

5 在出现的下拉列表中将【提示凭据】改选为【不提示，直接提升】模式。

6 单击【确定】按钮即可。

 大神支招

问：打电话或听报告时有重要讲话内容，怎样才能快速、高效记录？

在通话过程中，如果身边没有纸和笔，在听报告时，用纸和笔记录的速度比较慢，都会导致重要信息记录不完整。随着智能手机的普及，人们有越来越多的方式进行信息的记录，可以轻松甩掉纸和笔，一字不差高效速记。

1. 在通话中，使用电话录音功能

❶ 在通话过程中，点击【录音】按钮。

❷ 即可开始录音，并显示录制时间。

❸ 结束通话后，在【通话录音列表】中即可看到录制的声音，并能够播放录音。

2. 在会议中，使用手机录音功能

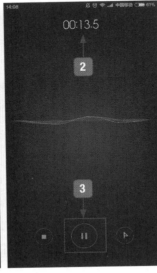

❶ 打开【录音机】应用，点击【录音】按钮。

❷ 即可开始录音，并显示录制时间。

❸ 点击【结束】按钮，结束声音录制。

❹ 自动打开【录音列表】界面，点击录音文件即可播放。

第4章

>>> 如果你只知道"宽带"，其他网络连接一概不知。

>>> 如果你家中有多台连网设备，一根网线又不知如何分配。

>>> 安装了路由器，又不知道如何管理和设置，让它得心应手。

这一章就来告诉你网络连接与管理的秘诀！

网络的连接与管理

4.1 网络的连接方式与配置

目前，网络连接的方式有很多种，主要的联网方式包括 ADSL 宽带上网、小区宽带上网、4G 上网等方式。

4.1.1 ADSL 宽带上网

使用家庭宽带（ADSL）上网的主要步骤为开通宽带上网、设置客户端和开始上网 3 个步骤。目前，常见的宽带服务商有电信、联通和移动等，申请开通宽带上网一般可以通过两条途径实现。下面介绍如何使用宽带连接上网。

申请 ADSL 服务后，网络服务商工作人员会主动上门安装 ADSL Modem 并配置好上网设置参数，进而安装网络拨号程序，并设置上网客户端。ADSL 的拨号软件有很多，但使用最多的还是 Windows 系统自带的拨号程序。其安装与配置客户端的具体操作步骤如下。

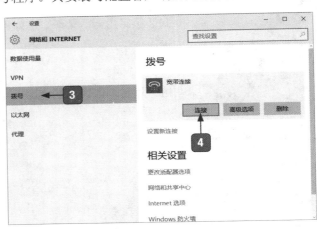

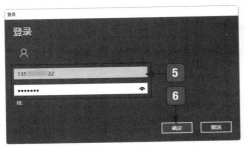

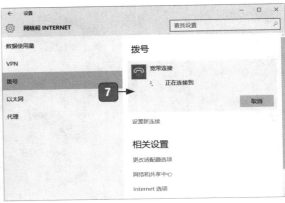

❶ 单击状态栏中的【网络】按钮。　　　❷ 在弹出的界面中选择【宽带连接】选项。

③ 弹出【网络和 INTERNET】设置窗口，选择【拨号】选项。

④ 选择【宽带连接】选项，并单击【连接】按钮。

⑤ 打开【登录】对话框，输入服务商提供的用户名和密码。

⑥ 单击【确定】按钮。

⑦ 返回【网络和 INTERNET】设置窗口，显示网络正在连接状态，连接完成即可看到已连接的状态。

4.1.2 小区宽带上网

小区宽带上网的申请比较简单，用户只需携带自己的有效证件和本机的物理地址到小区物业管理处申请即可。一般情况下，物业网络管理处的人员为了保证整个网络的安全，会给小区的业主一个固定的 IP 地址、子网掩码及 DNS 服务器。

对于业主，在申请好上网的账号后，还需要在自己的电脑中安装好网卡和驱动程序，然后将网线插入电脑中的网卡接口中，接下来还需要设置上网的客户端。不同的小区宽带上网方式，其设置也不尽相同。下面讲述不同小区的宽带上网方式。

1. 使用账户和密码

如果服务商提供上网账号和密码，用户只需将服务商接入的网线连接到电脑上，在【登录】对话框中输入用户名和密码，即可连接上网。

2. 使用 IP 地址上网

如果服务商提供 IP 地址、子网掩码及 DNS 服务器，用户需要在本地连接中设置 Internet（TCP/IP）协议，具体操作步骤如下。

① 右击【网络】图标。

② 在弹出的快捷菜单中选择【打开网络和共享中心】选项。

③ 在【网络和共享中心】界面中单击【以太网】超链接。

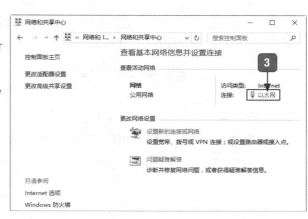

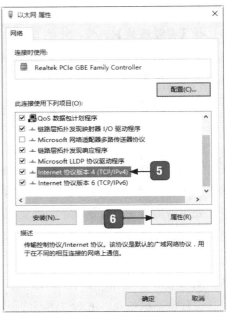

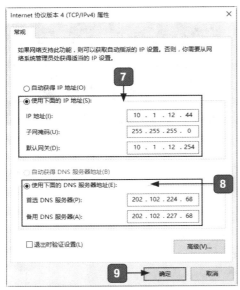

4 在【常规】选项卡中单击【属性】按钮。

5 在打开的对话框中选中【Internet 协议版本 4（TCP/IPv4）】复选框。

6 单击【属性】按钮。

7 在打开的对话框中选中【使用下面的 IP 地址】单选按钮，输入服务商提供的 IP 地址。

8 选中【使用下面的 DNS 服务器地址】单选按钮，输入 DNS 服务器地址。

9 单击【确定】按钮，即可完成设置。

3. 使用 MAC 地址

　　如果小区或单位提供 MAC 地址，用户可以使用以下步骤进行设置。

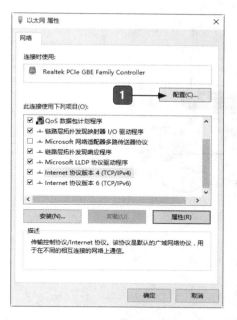 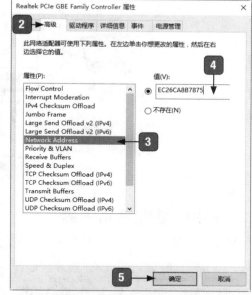

▣ 打开【以太网 属性】对话框，单击【配置】按钮。

▣ 在打开的对话框中选择【高级】选项卡。

▣ 在属性列表框中选择【Network Address】选项。

▣ 在【值】文本框中，输入 12 位 MAC 地址。

▣ 单击【确定】按钮，即可完成设置。

4.2 组建家庭或小型办公局域网

　　随着笔记本电脑、手机、平板电脑等便携式电子设备的日益普及和发展，有线连接已不能满足工作和家庭需要，无线局域网不需要布置网线就可以将几台设备连接在一起。

4.2.1 硬件的搭建

　　在组建无线局域网之前，要将硬件设备搭建好。

　　① 通过网线将电脑与路由器相连接，将网线一端接入电脑主机后的网孔内，另一端接入路由器的任意一个 LAN 口内。

　　② 通过网线将 ADSL Modem 与路由器相连接，将网线一端接入 ADSL Modem 的 LAN 口，另一端接入路由器的 WAN 口内。

　　③ 将路由器自带的电源插头连接电源即可，此时即完成了硬件搭建工作。

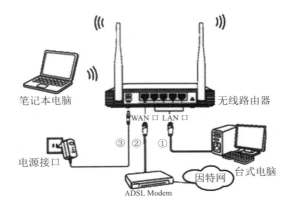

笔记本电脑　　　　　　　　　　无线路由器

WAN 口　LAN 口

电源接口

③　②　①

台式电脑

因特网

ADSL Modem

4.2.2 使用电脑配置路由器

使用电脑配置无线路由器的操作步骤如下。

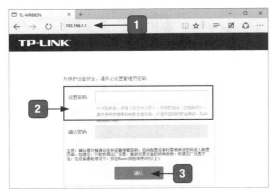

1 打开 IE 浏览器，在地址栏中输入
"192.168.1.1"，按【Enter】键，进
入路由器管理页面。

2 初次使用时，需要设置管理员密码，
在【设置密码】文本框中输入密码。

3 确认密码后单击【确认】按钮。

4 选择左侧的【设置向导】选项。

5 在出现的【设置向导】界面中单击【下
一步】按钮。

> **提示：** 不同路由器的配置地址不同，可以在路由器的背面或说明书中找到对应的配置地址、
> 用户名和密码。部分路由器输入配置地址后，弹出对话框，要求输入用户名和密码，此时，
> 可以在路由器的背面或说明书中找到，输入即可。
> 另外，用户名和密码可以在路由器设置界面的【系统工具】→【修改登录口令】中设置。
> 如果遗忘，可以在路由器开启的状态下，长按【Reset】键恢复出厂设置，登录账户名和
> 密码恢复为原始密码。

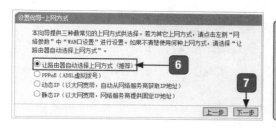

提示：PPPoE 是一种协议，适用于拨号上网；而动态 IP 每连接一次网络，就会自动分配一个 IP 地址；静态 IP 是运营商给的固定的 IP 地址。

6️⃣ 在打开的界面中选中【让路由器自动选择上网方式（推荐）】单选按钮。

7️⃣ 单击【下一步】按钮。

提示：此处的用户名和密码是指在开通网络时，运营商提供的用户名和密码。如果账户和密码遗忘或需要修改密码，可联系网络运营商找回或修改密码。若选用静态 IP 所需的 IP 地址、子网掩码等都由运营商提供。

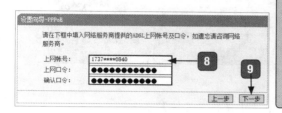

8️⃣ 如果检测为拨号上网，则输入上网账号和上网口令。

9️⃣ 单击【下一步】按钮。

提示：用户也可以在路由器管理界面，选择【无线设置】选项进行设置。

SSID：是无线网络的名称，用户通过 SSID 号识别网络并登录。

WPA-PSK/WPA2-PSK：基于共享密钥的 WPA 模式，使用安全级别较高的加密模式。在设置无线网络密码时，建议优先选择该模式，不选择 WPA/WPA2 和 WEP 这两种模式。

🔟 在打开的界面中输入无线网络名称。

1️⃣1️⃣ 选中【WPA-PSK/WPA2-PSK】单选按钮，在【PSK 密码】文本框中输入 PSK 密码。

1️⃣2️⃣ 单击【下一步】按钮。

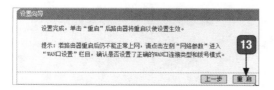

1️⃣3️⃣ 在打开的界面中单击【重启】按钮，重启路由器完成设置。

4.2.3 将电脑接入 Wi-Fi

无线网络开启并设置成功后，其他电脑需要搜索设置无线网络的名称，然后输入密码，连接该网络即可。

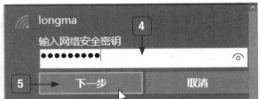

1️⃣ 单击电脑任务栏中的无线网络图标。

2️⃣ 选择需要连接的网络名称，在展开项中，选中【自动连接】复选框。

3️⃣ 单击【连接】按钮。

4️⃣ 在打开的界面中输入在路由器中设置的无线网络密码。

5️⃣ 单击【下一步】按钮。

6️⃣ 密钥验证成功后，即可连接网络，该网络名称下，则显示"已连接"字样，任务栏中的网络图标也显示为已连接模式。

4.2.4 将手机接入 Wi-Fi

无线局域网配置完成后，用户可以将手机接入 Wi-Fi，从而实现无线上网，手机接入 Wi-Fi 的操作步骤如下。

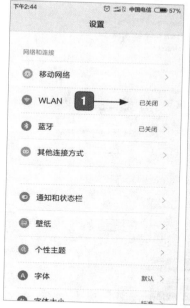

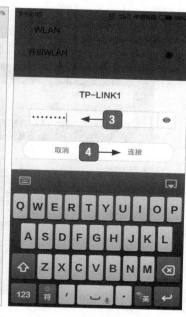

1. 进入手机【设置】界面，点击 WLAN 右侧的【已关闭】项。
2. 开启 WLAN 界面，搜索周围可用的 WLAN。
3. 选择要连接的网络，弹出输入密码对话框，输入无线网密码。
4. 点击【连接】按钮。
5. 该无线网络名称下显示【已连接】字样，表示手机已接入 Wi-Fi。

4.2.5 将电脑接入有线网络

有线网络与无线网相比，有着更强的稳定性，对于台式电脑，在满足连接条件的情况下，建议使用网线接入网络。如果无线网络配置好，修改下电脑端的配置，即可使电脑上网。

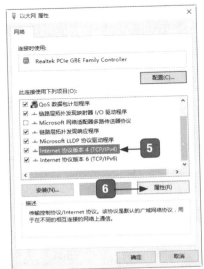

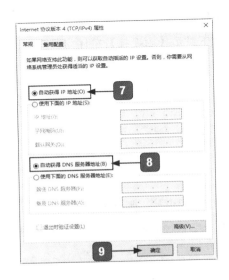

1️⃣ 右击【网络】图标。

2️⃣ 在弹出的快捷菜单中选择【打开网络和共享中心】选项。

3️⃣ 在【网络和共享中心】界面中单击【以太网】超链接。

4️⃣ 在【常规】选项卡中单击【属性】按钮。

5️⃣ 在【此链接使用下列项目】列表框中选中【Internet 协议版本 4（TCP/IPv4）】复选框。

6️⃣ 单击【属性】按钮。

7️⃣ 在打开的界面中选中【自动获得 IP 地址】单选按钮。

8️⃣ 选中【自动获得 DNS 服务器地址】单选按钮。

9️⃣ 单击【确定】按钮，即可完成设置。

4.3 管理路由器

　　路由器是组建局域网中不可缺少的一个设备，尤其是在无线网络普遍应用的情况下，路由器的安全更是不可忽略。用户通过设置路由器管理员密码、修改路由器WLAN 设备的名称、关闭路由器的无线广播功能等方式，可以提高局域网的安全性。

4.3.1 修改和设置管理员密码

　　路由器的初始密码比较简单，为了保证局域网的安全，一般需要修改或设置管理员密码。

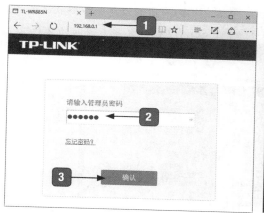

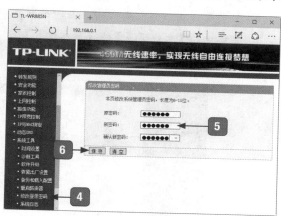

　1 打开 IE 浏览器，在地址栏中输入网址"192.168.0.1"，按【Enter】键，进入路由器管理界面。

　2 在文本框中输入设置的管理员密码。

　3 单击【确认】按钮。

　4 选择左侧【系统工具】→【修改登录密码】选项。

　5 在右侧输入原密码及新密码。

　6 单击【保存】按钮，即可完成修改。

> **提示**：如果忘记管理员密码，长按路由器上的【RESET】键恢复出厂设置，登录账户名和密码恢复为原始密码。

4.3.2 修改 Wi-Fi 名称和密码

　　Wi-Fi 的名称通常是指路由器中 SSID 号的名称，该名称可以根据自己的需要进行修改。

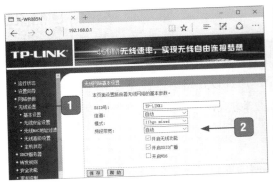 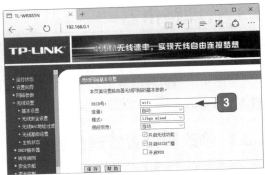

1 打开路由器后台管理页面，选择左侧窗格中的【无线设置】→【基本设置】选项。

2 右侧则为显示的当前网络参数情况。

3 在 SSID 号后输入新无线网的名称。

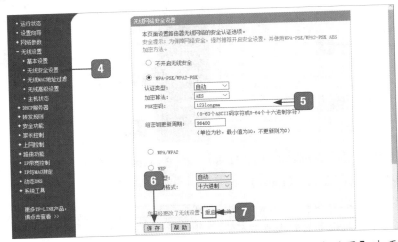

4 选择左侧【无线安全设置】选项。

5 在右侧的【PSK 密码】文本框中输入新密码。

6 单击【保存】按钮。

7 单击【保存】按钮上方出现的【重启】超链接。

8 在打开的界面中单击【重启路由器】按钮，将路由器重启即可。

86

4.3.3 防蹭网设置：关闭无线广播

路由器的无线广播功能在给用户带来方便的同时，也给用户带来了安全隐患，因此，在不用无线功能的时候，要将路由器的无线功能关闭。

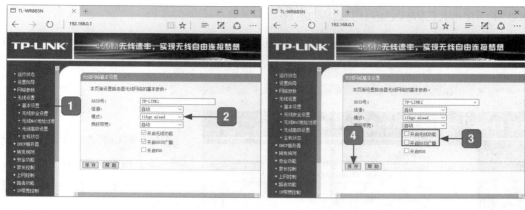

1️⃣ 打开路由器后台管理页面，选择左侧【无线设置】→【基本设置】选项。

2️⃣ 右侧为显示的当前网络参数情况。

3️⃣ 取消选中【开启无线功能】和【开启 SSID 广播】复选框。

4️⃣ 单击【保存】按钮，即可关闭路由器的无线广播功能。

5️⃣ 单击电脑任务栏中的无线网络图标 ⁎。

6️⃣ 在弹出的无线网名称列表中，单击【隐藏的网络】链接，并在文本框中输入无线网的名称。

7️⃣ 单击【下一步】按钮。

8️⃣ 在文本框中输入无线网络密码。

9️⃣ 单击【下一步】按钮。

🔟 账户和密码输入正确后，会自动连接网络。

1️⃣1️⃣ 在弹出的提示框中，单击【是】按钮即可。

87

4.3.4 控制上网设备的上网速度

在局域网中所有的终端设备都是通过路由器上网的，为了更好地管理各个终端设备的上网情况，管理员可以通过路由器控制上网设备的上网速度。

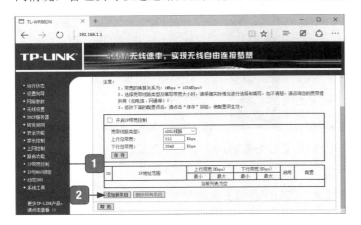

1 打开路由器后台管理页面，选择左侧【IP带宽控制】选项。

2 在右侧单击【添加新条目】按钮。

> **提示**：在IP带宽控制界面，选中【开启IP带宽控制】复选框，然后设置宽带线路类型、上行总带宽和下行总带宽。
>
> 如果上网方式为ADSL宽带上网，宽带线路类型选择【ADSL线路】选项即可，否则选择【其他线路】选项。下行总带宽是通过WAN口可以提供的下载速度。上行总带宽是通过WAN口可以提供的上传速度。

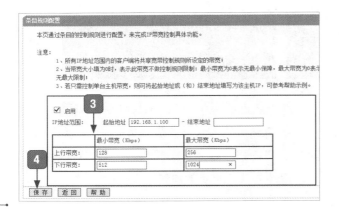

3 在IP地址范围中设置IP地址段、上行带宽和下行带宽，如左图所示，分配给局域网内IP地址为"192.168.1.100"的计算机的上行带宽最小为128Kbit/s、最大为256Kbit/s，下行带宽最小为512Kbit/s、最大为1024Kbit/s。

4 单击【保存】按钮。

> **提示**：如果不知道所处局域网的IP地址段是多少，可以选择路由器管理界面中的【DHCP服务器】选项，查看IP起始地址和结束地址。

5 如果要设置连续 IP 地址段，如下图所示，设置了 101~103 的 IP 地址段，表示局域网内 IP 地址为 192.168.1.101 到 192.168.1.103 的 3 台计算机的带宽总和是上行带宽最小为 256Kbit/s、最大为 512Kbit/s，下行带宽最小为 1024Kbit/s、最大为 2048Kbit/s。

6 单击【保存】按钮。

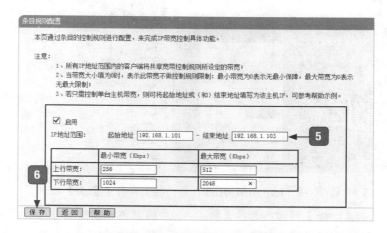

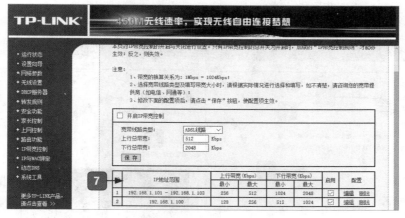

7 返回 IP 宽带控制界面，即可看到添加的 IP 地址段。

4.4 收发邮件

　　收发电子邮件都是通过固定的电子邮箱实现的，并不是每个人都可以随意地使用电子邮箱，只有申请了电子邮箱账号才能领略收发电子邮件的魅力，本节以在 163 网易邮箱中收发电子邮件为例进行介绍。

4.4.1 写邮件

要发送邮件，首先要在邮箱中拟好邮件，确定没问题后，再进行发送。

1 打开 163 邮箱官网（http://mail.163.com），按【Enter】键进入登录页面。

2 输入邮箱的账号和密码。

3 单击【登录】按钮。

4 进入电子邮箱后，单击【写信】按钮。

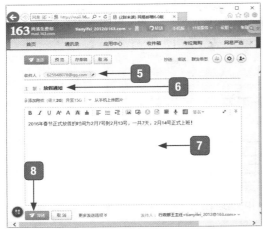

5 进入编辑窗口，输入收件人的邮箱地址。

6 输入电子邮件的主题，相当于邮件名称。

7 在文本编辑区中输入邮件的内容。

8 单击【发送】按钮，即可发送邮件。

9 提示【发送成功】后，则表示已成功发送。

4.4.2 收邮件

登录到自己的电子邮箱之后，可以随时查看电子邮箱中的邮件。

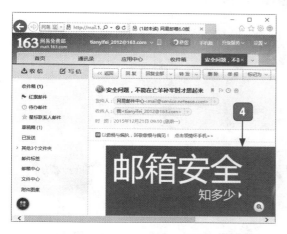

1 登录邮箱，如果有新的电子邮件，则会在邮箱首页中显示"未读邮件"的提示信息。

2 选择【收件箱】选项。

3 双击未读的邮件名称。

4 在打开的页面中阅读邮件内容。

4.4.3 回复邮件

当收到对方的邮件后，用户需要及时回复邮件。

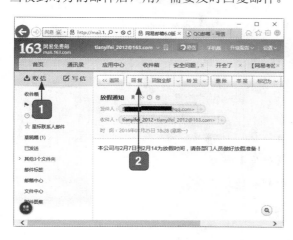

1 登录电子邮箱，单击左侧的【收信】按钮，然后在【收件箱】中单击接收到的电子邮件的【主题】超链接，打开一封邮件。

2 单击【回复】按钮。

91

③ 在文本编辑区中输入要回复的内容。

④ 单击【发送】按钮即可完成回复。

4.4.4 转发邮件

当收到一封邮件后，如果需要将该邮件发送给其他人，就可以利用邮箱的转发功能进行转发。

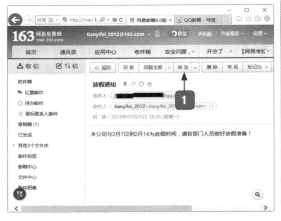

① 打开一封需要转发的邮件，单击【转发】按钮。

② 在【收件人】文本框中输入转发的邮箱地址。

③ 单击【发送】按钮，即可完成转发。

痛点 1：如何测试当前电脑网速的快慢

网速的快慢一直是用户较为关心的，在日常使用中，可以自行对带宽进行测试。

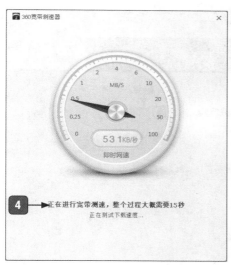
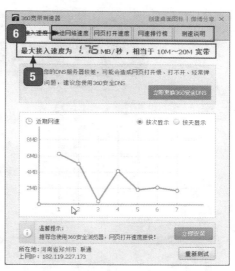

① 启动 360 安全卫士，单击【功能大全】图标。

② 选择【网络优化】选项卡。

③ 单击【宽带测速器】图标。

④ 软件即会进行网络测速。

⑤ 在【360 宽带测速器】界面可以看到网络速度的情况。

⑥ 选择顶部选项卡，可测试长途网络、网页打开速度情况。

痛点 2：如何将电脑的有线网络转换为无线网络

小白：大神，我没有路由器，据说可以将电脑的有线网络转换为无线网络供手机使用？

大神：是的，不过你的电脑必须有无线网卡才行。

小白：怎么判定有没有无线网卡呢？

大神：一般笔记本电脑自带无线网卡的，而台式机不带无线网卡，可以单独购买一个USB接口的迷你网卡，这样一来，不仅可以分享网络，还可以连接无线网络。

小白：这样啊，那怎样分享网络啊？

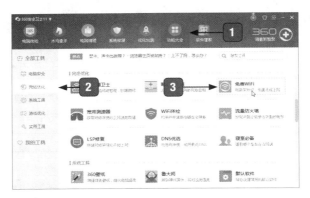

① 启动 360 安全卫士，单击【功能大全】图标。

② 选择【网络优化】选项卡。

③ 单击【免费 WiFi】图标。

④ 软件即会下载该工具，并显示下载进度。

⑤ 下载完成后，自动创建 Wi-Fi。

⑥ 如果修改 Wi-Fi 名称和密码，在文本框中进行修改即可。

⑦ 单击【保存】按钮。

⑧ 在弹出的提示框中单击【我知道了】按钮。

⑨ 返回工具界面，选择【已连接的手机】选项卡。

⑩ 可对连接的设备进行管理。

大神支招

问：有多个邮箱，怎样才能高效地管理所有的邮箱？

有些邮箱客户端支持多个账户同时登录，如网易邮箱大师，登录多个邮箱账户后，不仅可以快速在多个账户之间切换，还可以同时接收和管理不同账户的邮件。

① 在网易邮件大师主界面点击【选项】按钮。

② 在弹出的下拉列表中选择【添加邮箱账号】选项。

③ 在打开的界面中输入邮箱账号及密码。

④ 点击【登录】按钮。

⑤ 点击该按钮,将显示添加的所有账户。

⑥ 默认情况下将显示新添加的账号。

⑦ 选择其他账户,即可进入其他邮箱界面。

第5章

Word 的基本操作

>>> 文档里那些"稀奇古怪"的漂亮的字，你会用吗？

>>> 文档里的图片，怎样做才能更漂亮？

>>> 如何制作高端大气的公司宣传彩页？

带着这些问题，一起走进图文混排的世界吧。

5.1 新建与保存文档

　　使用 Word 2016 的目的是处理文档，在处理之前，必须建立文档来保存要处理的内容，在创建新文档的时候，系统会自动以"文档 1""文档 2"……默认文档名称的顺序来命名。当你完成对文档的编辑时，也需要将文档保存下来，以便以后对文档的循环使用。

5.1.1 新建 Word 文档

　　关于新建文档总结下来共有 4 种方法，下面就给大家一一的介绍。

1. 新建空白文档

　　创建新文档最基本的方法就是启动 Word 2016 后单击【空白文档】图标即可。

　　选择【开始】→【Word 2016】选项，打开初始界面。

 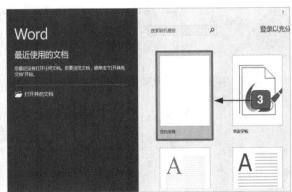

1 单击【开始】按钮。　　　2 在弹出的列表中选择【Word 2016】选项。

3 单击【空白文档】图标。

　　即可得到"文档 1"，如下图所示。

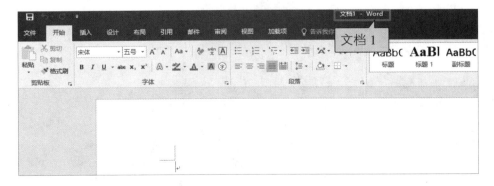

2. 新建现有文档的副本

当你想要更改现有文档，但又想保存原文档时，就可以使用现有的文档创建一个与原文档内容完全一致的新文档。

单击【文件】→【打开】→【浏览】图标。

 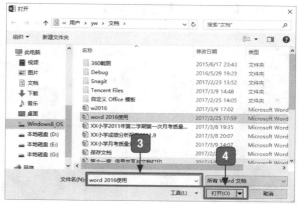

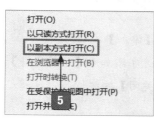

① 选择【打开】选项。

② 单击【浏览】图标。

③ 在【文件名】文本框中输入要新建的文档名称。

④ 单击【打开】按钮右侧的下拉按钮。

⑤ 在出现的列表中选择【以副本方式打开】选项。

现在已经创建了一个名称为"副本（1）Word 2016 使用"的文档，是与原文档内容完全一致的新文档，如下图所示。

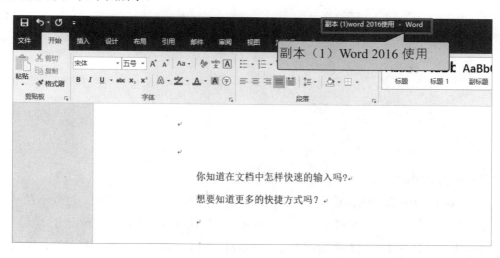

3. 使用本机上的模板创建文档

Word 2016 已经为用户设定了几个免下载的文档模板，用户在使用时只需选中自己需要的模板就可以做出自己想要的文档，这样就可以方便又快捷地做出丰富多彩的文档。这里以"书法字帖"为例，为用户介绍它的操作步骤。

单击【文件】→【新建】→【书法字帖】图标。

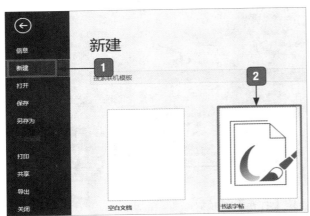
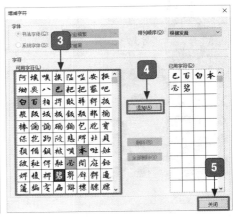

1️⃣ 选择【新建】选项。

2️⃣ 单击【书法字帖】图标。

3️⃣ 选中需要的文字。

4️⃣ 单击【添加】按钮。

5️⃣ 将所选字添加至【已用字符】中，单击【关闭】按钮。

即可得到如下图所示的效果图。

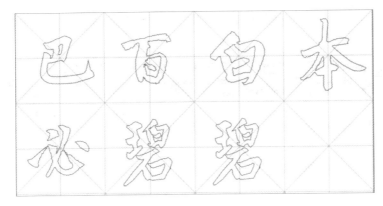

4. 使用联机模板创建文档

除了 Word 2016 自带的模板外，还为用户提供了很多精美的文档模板，这些不仅可以使文档看起来丰富多彩，还更具吸引力，让你的文档可以在众多的文档中脱颖而出。

选择【文件】→【新建】选项，在【搜索联机模板】中输入想要的模板类型，然后单击

【开始搜索】按钮 🔍，这里以"贺卡"为例，为用户展示其用法。

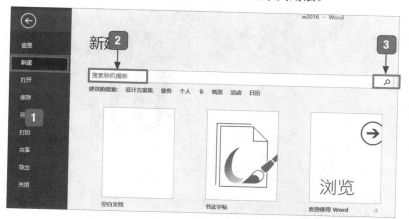

1 选择【新建】选项。

2 在搜索联机模板中输入"贺卡"。

3 单击【搜索】按钮 🔍。

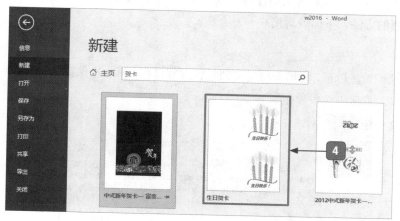

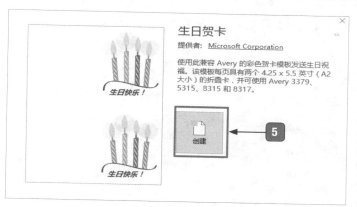

101

4 单击【生日贺卡】图标。

5 在【生日贺卡】界面中单击【创建】图标。

创建效果如下图所示。

5.1.2 保存 Word 文档

在 Word 文档工作时所建立的文档是以临时文档保存在电脑中的，如果退出文档操作，文档就会丢失。因此，需要将文档保存下来，这样才能供我们循环使用。Word 2016 提供了多种保存文档的方法，下面就为用户一一介绍。

1. 保存

在对文档编辑完以后，我们需要对文档进行保存操作，第一次保存文档会自动跳转到【另存为】对话框，具体操作步骤如下。

在新建文档中输入文本。

> 在 word 文档工作时所建立的文档是以临时文档保存在电脑内，如果退出文档操作，文档就会丢失。因此，我们需要见文档保存下来，这样才能供我们循环使用。Word 2016 提供了多种保存文档的方法，下面就为用户一一示范。

选择【文件】→【保存】选项。注意，当第一次保存文档时，会自动跳转到【另存为】对话框。

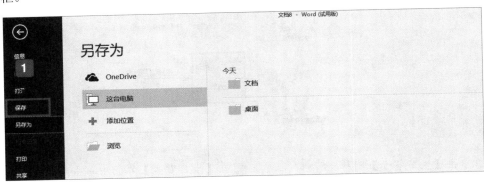

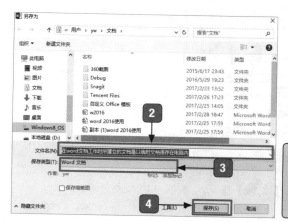

1 选择【保存】选项。

2 在【另存为】对话框中输入自己想要的文件名。

3 保存类型设置为【Word 文档】。

4 单击【保存】按钮。

提示：要保存文档，也可以单击工具栏中的【保存】按钮 🔲 或使用【Ctrl+S】组合键来实现。

保存文档效果如下图所示。

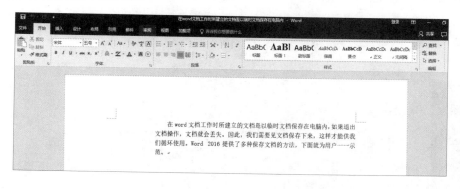

2. 另存为

第一次保存文档后文档就有了新的名称，当单击【保存】按钮或按【Ctrl+S】组合键时，将不再弹出【另存为】对话框，而只是覆盖原有的文档。当然，如果不想覆盖修改前的文档，用户就可以使用"另存为"的方法把修改过的文档保存起来，具体操作步骤如下。

在新建文档中输入文本。

> 在 word 文档工作时所建立的文档是以临时文档保存在电脑内，如果退出文档操作，文档就会丢失。因此，我们需要见文档保存下来，这样才能供我们循环使用。Word 2016 提供了多种保存文档的方法，下面就为用户一一示范。

选择【文件】→【另存为】选项。

103

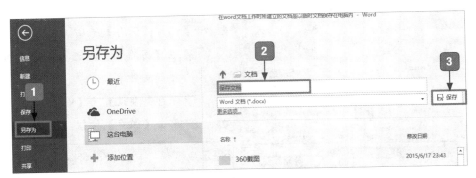

1 选择【另存为】选项。　　2 在【文档】下的文本框中输入文件名。

3 单击【保存】按钮。

　　若所显示的文档保存位置不是你想要的保存位置，单击【更多选项】按钮即可跳转到【另存为】对话框。

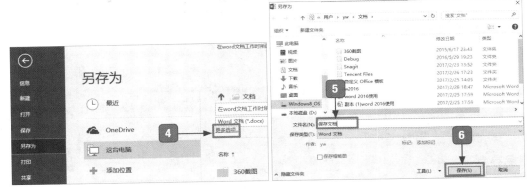

4 单击【更多选项】按钮。　　5 在【另存为】对话框中输入文件名。

6 单击【保存】按钮。

　　保存文档效果如下图所示。

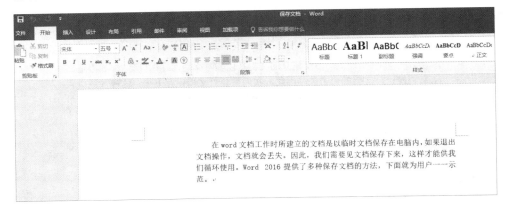

5.2 输入文本

小白：大神，为什么我每次输入文本都这么慢呢，总是被领导批评工作效率低。

大神：那是因为你还不知道输入文本的技巧，只要你学会这些技巧，你的工作能力就会"噌噌"地往上涨，保证以后领导都夸你。

小白：听起来好"高大上"啊！！！

1. 中文和标点的输入

在 Word 中输入文本时，输入数字时不需要切换中 / 英文输入法，但在输入中 / 英文则需要更换。

> **提示**：一般情况下，Windows 系统输入法之间的切换可以使用【Ctrl+Shift】组合键来实现。中 / 英文之间的切换可以使用【Ctrl+Space】组合键或【Shift】键来切换。

1 打开文档，选中需要的汉语拼音输入法。

2 用户可以使用汉语拼音输入文本。

在输入时，如果文字达到一行的最右端时，输入文本将自动跳转到下一行。如果在没有输入到最右端就想要换到下一行，可以按【Enter】键跳转到下一行，这样段落会产生一个标志。

> **提示**：虽然此时也达到换行输入的目的，但这样并不能结束这个段落，仅仅是换行输入而已。

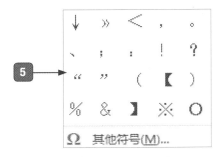

将鼠标光标定位在文字句末，也可以使用快捷键的方法输入符号。例如，按【Shift＋；】组合键，即可输入中文的全角冒号。

2. 英文和标点输入

在中文输入法的状态下，按【Shift】键，即可更换为英文输入法。

英文输入和中文输入标点的方法相同。例如，按【Shift+/】组合键可在文本中输入"？"。

③ 选择【插入】选项卡。

④ 单击【符号】按钮。

⑤ 在出现的列表中选择需要的符号。

3. 输入时间和日期

打开"素材 \ ch05\ 员工劳动合同 .docx"文件，将内容复制到文档中。

提示：本书所有的素材和结果文件，请根据前言提供的下载地址进行下载。

单击【插入】选项卡下【文本】组中的【时间和日期】按钮。

1 单击【时间和日期】按钮。

2 在【可用格式】列表框中选择所需的日期。

3 选中【自动更新】复选框。

4 单击【确定】按钮。

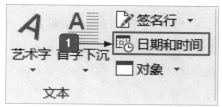

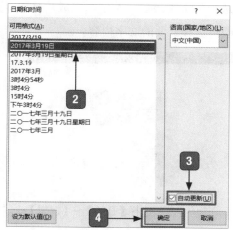

将日期放在需要的位置即可。

甲方(签字)：

日期：2017 年 3 月 19 日

乙方(签字)：

日期：2017 年 3 月 19 日

5.3 编辑文本

5.3.1 选择文本

小白：大神，当我想要选择部分文本进行修改时，有没有什么方法能只选择部分内容呢？

大神：当然有了，选定文本时既可以选择单个字符，也可以选择整篇文档，主要方法有两种，下面就让我为你介绍介绍。

小白：好啊，好啊，那就让我们开始吧。

打开"素材 \ch05\ 员工劳动合同 .docx"

文件，将内容复制到文本中。

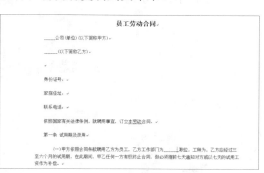

将鼠标光标定位在想要选中的文本之

前，按住鼠标左键的同时拖曳鼠标，直到选择想要选中的文本最后一个字，完成后释放鼠标，即可选择需要的文字内容。

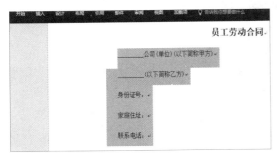

（1）选中全文：选择【开始】→【编辑】→

【选中】→【全选】选项，或者将鼠标指针移动到需要选中段落的左侧空白处，当鼠标指针变为箭头形状时，单击鼠标左键3次，即可选中全文。

（2）选中段落：同上所说，双击鼠标左键，即可选中该段落。也可以在要选中的段落中，快速单击鼠标3次，即可选中该段落。

（3）选中单行：将鼠标指针移动到需要选中行的左侧空白处，当鼠标指针变为箭头形状时，单击鼠标左键，即可选中该行。

5.3.2 复制和粘贴文本

打开"素材\ch05\员工劳动合同"文件。

提示：选中文本后，按【Ctrl+C】组合键也可以复制所选文本

1 选中需要复制的文本并右击。 2 在弹出的快捷菜单中选择【复制】命令。

3 将鼠标指针移动到需要粘贴文本处，单击鼠标右键。

4 在弹出的快捷菜单中选择需要的粘贴格式，这里选择【保留源格式】选项。

粘贴效果如下图所示。

5.4 文本及段落格式的设置

Office 2016 提供了便捷的空间，我们可以设置文本格式的字体大小、颜色，以及给字词添加拼音、设置上下标和字体效果等方面的效果，充分体现了文字编排的美感。

5.4.1 调整字体的大小和颜色

选中要调整的文字，在【开始】选项卡下的【字体】组中调整字体的大小和颜色。

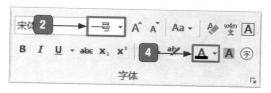

1 选中要调整的文字。

2 单击【字号】右侧的下拉按钮。

3 在弹出的下拉列表中设置字号为【小初】。

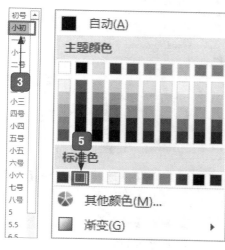

4 单击【字体颜色】右侧的下拉按钮。

5 在弹出的下拉列表中设置颜色为【红色】。

109

最终效果如下图所示。

身披薛荔衣，山陟莓苔梯。

5.4.2 设置对齐方式

打开"素材 \ch05\ 咏鹅 .docx"文件。

1. 在对话框中设置

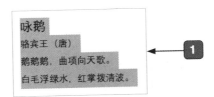

选中要设置的文本并右击，在弹出的快捷菜单中选择【段落】选项，打开【段落】对话框，在【缩进和间距】选项卡下的【对齐方式】下拉列表中选择【居中】选项。

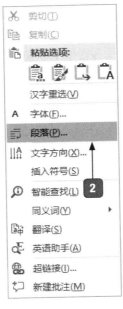

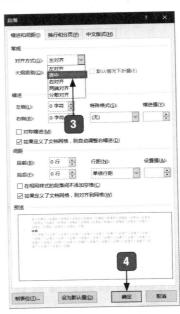

1 选中文本并右击。

2 在弹出的快捷菜单中选择【段落】选项。

3 选择【缩进和间距】→【对齐方式】→【居中】选项。

4 单击【确定】按钮。

5 设置后的效果。

【开始】选项卡【段落】组中的【居中】按钮 ≡ 就可以了，除了【居中】对齐方式外，其他的对齐方式也可以使用这个快捷方式。

2. 用工具栏设置对齐方式

选中要设置对齐方式的文本，直接单击

5.4.3 设置段落首行缩进

段落首行缩进是把段落的第一行从左向右缩进一定的距离，根据中文的书写形式，正文的每个段落首行要缩进两个字符。

那么面对长篇文章，我们该如何快速设置段落的首行缩进呢？下面是具体的操作步骤。

打开"素材\ch05\假如我有九条命.docx"文件，选中要缩进的文本。

大神：小白，你还记得怎么打开【字体】对话框吗？

小白：当然记得啊，上一节才讲过啊，我还学习了一种简便的打开方式呢。

大神：记得就行，那我们就用右下角的【段落设置】按钮 ┏ 打开【段落】对话框吧。

打开【段落】对话框，设置【特殊格式】为"首行缩进"，设置【增进值】为【2字符】。

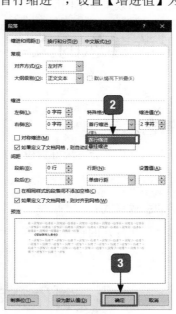

1 单击【段落】组中的【对话框启动器】按钮。

2 将【特殊格式】设置为【首行缩进】。

3 单击【确定】按钮。

5.5 使用艺术字

小白：大神，这个艺术字很是让我焦灼啊，我插入的艺术字怎么没有特色，好生气哦！

大神：哈哈，那是你还不够了解它。你要使用它的话，肯定是有一定技巧的，可不是简简单单地把它放进文档中就行的，就像姑娘们出门要化妆一样，你得对它进行编辑，让它变得赏心悦目才行！具体包括更改它的主题样式、背景颜色、字体样式等一系列的操作。

小白：原来是这样啊，那你快给我演示一遍吧，我都等不及了！

5.5.1 插入艺术字

将光标定位在要插入艺术字的位置，单击【插入】→【文本】→【艺术字】下拉按钮。

1 单击【艺术字】下拉按钮。

2 在出现的列表中选择一种样式。

选中样式之后的效果如下图所示。

请在此放置您的文字

在文本框中输入文字"制作公司宣传彩页"，效果如下图所示。

制作公司宣传彩页

5.5.2 编辑艺术字

当插入好艺术字后，会发现好像没有想象中那么好看，那么接下来，就要对它进行编辑，打造出更靓丽的艺术字。

1. 更改艺术字的主题样式。

选中艺术字，在打开的临时选项卡中单击【绘图工具　格式】→【形状样式】→按钮。

1 单击此按钮。

2 在出现的下拉列表中
选择一种主题样式。

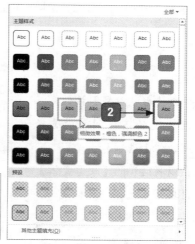

在出现的下拉列表中选择【细微效果 - 绿色，强调颜色 2】选项，效果如下图所示。

2. 更改艺术字的文字样式

选中艺术字，在打开的临时选项卡中单击【绘图工具　格式】→【艺术字样式】→按钮。

1 单击此按钮。

2 在出现的下拉列表中选择任意一种样式。

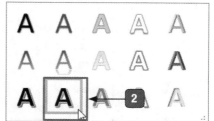

在出现的下拉列表中选择【填充：黑色，文本色 1；边框：白色，背景色 1；清晰阴影；蓝色，主题色 5】选项，效果如下图所示。

制作公司宣传彩页

3. 更改艺术字的形状效果

选中艺术字,在打开的临时选项卡下单击【绘图工具　格式】→【形状样式】→【形状效果】按钮。

1 单击【形状效果】按钮。

2 在出现的下拉列表中选择【映像】选项。

3 在级联列表的【映像变体】区域任意选择一种样式。

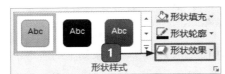

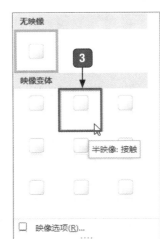

效果如下图所示。

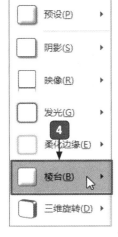

4 选择【棱台】选项。

5 在出现的列表中【棱台】区域选择【凸起】选项。

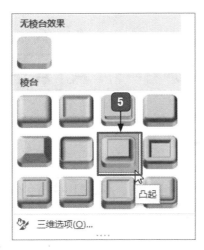

效果如下图所示。

4. 更改艺术字形状效果的三维旋转效果

选中艺术字，在打开的临时选项卡下单击【绘图工具　格式】→【形状样式】→【形状效果】按钮。

1 单击【形状效果】按钮。

2 在出现的下拉列表中选择【三维旋转】选项。

3 在级联列表的【平行】区域选择【离轴1：右】选项。

效果如下图所示。

5. 更改艺术字的文本填充效果。

选中艺术字，在打开的临时选项卡下单击【绘图工具　格式】→【艺术字样式】→【文本填充】按钮。

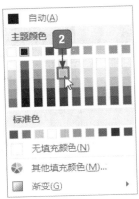

1 单击【文本填充】按钮。

2 在出现的下拉列表中的【主
题颜色】区域任选一种颜色。

在出现的下拉列表中选择【红色】选项，效果如下图所示。

5.6 插入与编辑图片

很多时候，我们在写文档的时候会用到图片。而这些图片的来源也是很丰
富的，有的是已经存在电脑中可以随时用的，有的是要联机搜索的，还有的是从手机中拿来
用的等。然而，图片的不同来源就决定了它插入方式的多种多样。下面就是非常详细的教程，
千万别错过啊！

5.6.1 插入准备好的图片

打开"素材 \ch05\ 封面 .jpg"图片。

将光标定位到要插入图片的位置，单击【插入】→【插图】→【图片】按钮。

1 单击【图片】按钮。

2 选择要插入的图片。

3 单击【插入】按钮。

插入成功之后的效果如下图所示。

5.6.2 裁剪图片大小

1. 普通的大小裁剪

选中图片，在打开的临时选项卡下打开【图片工具 格式】→【大小】选项组。

1 在【高度】微调框中输入【6厘米】。

2 在【宽度】微调框中输入【6厘米】。

图片大小改变后的效果如下图所示。

117

2. 按纵横比裁剪图片

　　选中图片，在打开的临时选项卡下单击【图片工具　格式】→【大小】→【裁剪】按钮。

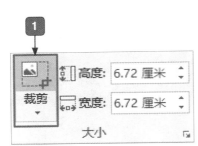

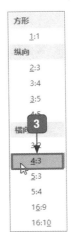

1️⃣ 单击【裁剪】按钮。

2️⃣ 在弹出的下拉列表中选择
　　【纵横比】选项。

3️⃣ 在级联列表中选择【横向】
　　区域中的【4:3】选项。

4️⃣ 拖动这些黑线可以改变裁
　　剪的范围。

最终的效果如下图所示。

3. 将图片裁剪为形状

　　选中图片，在打开的临时选项卡下单击【图片工具　格式】→【大小】→【裁剪】按钮。

1 单击【裁剪】按钮。

2 在弹出的下拉列表中选择【裁剪为形状】命令。

3 在级联列表中的【基本形状】区域中选择任意一种形状。

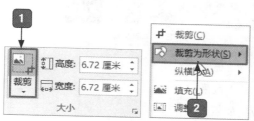

　　选择【矩形：棱台】选项，效果如下图所示。

5.6.3 图片的调整与美化技巧

1. 更改图片的艺术效果

119

　　选中图片，在打开的临时选项卡下单击【图片工具　格式】→【调整】→【艺术效果】按钮。

1️⃣ 单击【艺术效果】按钮。

2️⃣ 在弹出的下拉列表中选择一种艺术效果。

选择【十字图案蚀刻】选项，效果如下图所示。

2.快速美化图片

选中图片，在打开的临时选项卡下单击【图片工具　格式】→【图片样式】→按钮▽。

1️⃣ 单击此按钮。

2️⃣ 在弹出的下拉列表中选择一种样式。

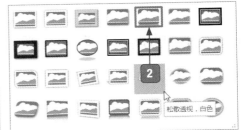

选择【映像圆角矩形】选项，如下图所示。

5.7 使用表格

表格？也许你要说，表格不是 Excel 的工作吗？ Word 也能做表格？当然，Word 表格的功能还非常强大呢！

5.7.1 创建表格

创建表格的方法，直接用鼠标"框"就可以啦。

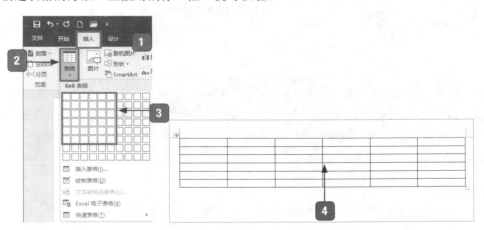

1 选择【插入】选项卡。

2 单击【表格】下拉按钮。

3 在弹出的下拉列表中用鼠标拖动选择插入表格的行数和列数。

4 完成 6 行 6 列表格的创建。

5.7.2 插入行与列

1. 最常用的方法——通过功能区插入行与列

通过功能区插入行和列是最常用的方法，功能区中显示了多种命令按钮，选择选项卡后单击命令按钮就可以快速执行命令，适合需要在多处插入行或列时使用。此外，功能区还包含其他命令按钮，便于用户修改表格。

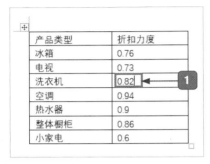

1 打开"素材\ch05\产品类型.docx"文件，将光标定位至要插入行位置所在的单元格。

2 选择【布局】选项卡。

3 单击【在上方插入】按钮。

4 即可在所选单元格上方插入行。

> **提示**：在上方插入：在选中单元格所在行的上方插入一行表格。在下方插入：在选中单元格所在行的下方插入一行表格。在左侧插入：在选中单元格所在列的左侧插入一列表格。在右侧插入：在选中单元格所在列的右侧插入一列表格。

2. 最便捷的方法——使用⊕按钮

使用⊕按钮插入行和列是最快捷的方法，只需要将光标定位至插入行（列）位置的最左侧（最上方），就会显示⊕按钮，单击该按钮即可。

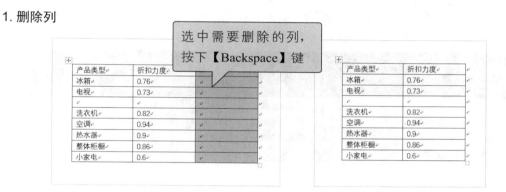

① 将鼠标光标定位至两行之间，单击显示的 ⊕ 按钮。

② 即可快速在两行之间插入新行。

5.7.3 删除行与列

有时候，因为创建表格失误或计划改变，需要删除表格的部分行或列，那如何删除呢？

1. 删除列

选中需要删除的列，按下【Backspace】键

2. 删除行

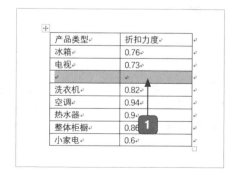

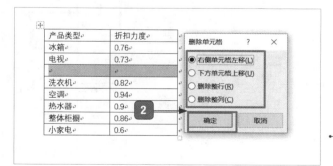

① 选中需删除的行，按下【Backspace】键。

② 在出现的【删除单元格】中选择所需要的选项，单击【确定】按钮。

5.7.4 合并单元格

1. 最常用的方法——通过功能区合并单元格

通过功能区合并单元格是最常用的方法，不仅能快速完成合并单元格的操作，还可以方便选择其他表格编辑命令。

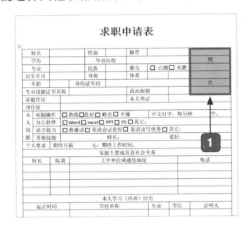

❶ 选择要合并的单元格区域。

❷ 选择【布局】选项卡。

❸ 单击【合并单元格】按钮。

❹ 即可完成单元格合并。

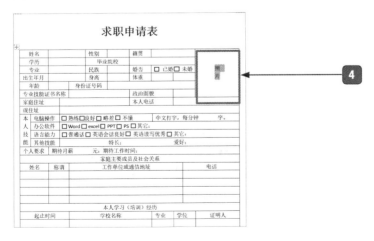

2. 最便捷的方法——使用快捷菜单

使用快捷菜单合并单元格是最快捷的方法，只需要选中要合并的单元格区域并右击，在弹出的快捷菜单中选择【合并单元格】命令即可。

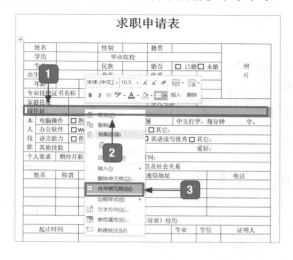

1 选中要合并的单元格区域。

2 单击鼠标右键,弹出快捷菜单。

3 选择【合并单元格】命令。

5.7.5 拆分单元格

小白:一个单元格可以拆成两个吗?

大神:当然可以,使用拆分单元格!

1️⃣ 将鼠标光标定位在要拆分的单元格内。

2️⃣ 选择【布局】选项卡。

3️⃣ 单击【拆分单元格】按钮。

4️⃣ 在【拆分单元格】对话框中设置拆分的列数。

5️⃣ 在【拆分单元格】对话框中设置拆分的行数。

6️⃣ 单击【确定】按钮。

7️⃣ 拆分为两行两列的效果。

5.8 实战案例——制作公司宣传彩页

小白：大神，求帮助！我们公司的领导让我为公司制作一个宣传彩页，既要美
观大方吸人眼球，还要内容严谨详细。但我从来没做过这种事情，怎么办呢？

大神：不用着急，只要你学会了我前面教给你的那些技能，这个对你来说就是"小菜一碟"。
公司的宣传彩页一定要有特色、有风格。接下来，就让我给你实际演练一下吧！

小白：好的！

打开"素材 \ch05\ 公司宣传页 .docx"文档。

1. 设置文本的字体和段落格式

单击【开始】→【编辑】→【选择】按钮。

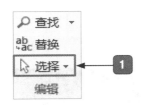

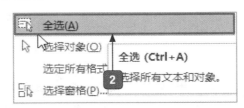

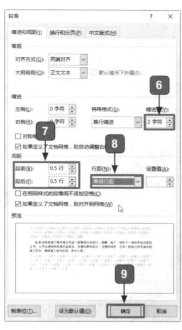

1. 单击【选择】按钮。

2. 在弹出的下拉列表中选择【全选】选项。

3. 设置【字体】为【等线（正文）】。

4. 设置【字号】为【四号】。

5. 单击【段落】组中的 按钮。

6. 在【段落】对话框中设置【缩进值】为【2字符】。

7. 设置【段前】和【段后】间距为【0.5 行】。

8. 设置【行距】为【单倍行距】。

9. 单击【确定】按钮。

设置后的效果如下图所示。

型环绕】。最终的效果如下图所示。

2. 添加并编辑艺术字

单击【插入】→【文本】→【艺术字】按钮，在弹出的下拉列表中选择【填充：黑色，文本色 1；边框：白色，背景色 1；清晰阴影；蓝色，主题色 5】选项，给艺术字添加【紧密影像：接触】的效果，设置【曲线：下】弯曲效果，并将文字环绕方式设置为【上下

3. 插入文本框

将光标定位在要插入文本框的位置，选择【插入】→【文本】→【文本框】→【奥斯汀提要栏】选项。插入之后在文本框中输

入文字，并调整文本框的大小。完成后的效果如下图所示。

4. 添加并编辑图片

打开"素材\ch05\装饰.jpg"图片。

将光标定位在要插入图片的位置，单击【插入】→【插图】→【图片】按钮，在弹出的下拉列表中选择需要的图片，单击【插入】按钮将图片插入文档中，然后将图片的文字环绕方式设置为【紧密型环绕】，并将图片的大小设置为合适的尺寸。最终的效果如下图所示。

痛点解析

痛点1：在段中输入文字时，后面的文字被删除

有的用户在编辑 Word 文档时，可能会出现"在一段文字中需要插入一些内容，输入文字时后面的文字就被自动删除了"这一情况，如下图所示。下面我们就针对这一问题提供一种好的解决方法。

【睡前10分钟瘦腿术，消除水肿塑线条】一些女生非常地想瘦腿，但总是瘦不下来，小腿还是一如既往 原文本 这种情况，很可能是你的小腿水肿。怎么办呢？下面这套腿部去浮肿按摩法，每天睡前做一次，每次10分钟，能够有效的缓解腿部肌肉疲劳，消除浮肿的双腿！

【睡前10分钟瘦腿术，消除水肿塑线条】一些女生非常地想瘦腿，但总是瘦不下来，小腿还是一 被替换的文本 种情况，很可能是你的小腿水肿。怎么办呢？下面这套腿部去浮肿按摩法，每天睡前做一次，每次10分钟，能够有效的缓解腿部肌肉疲劳，粗壮浮肿的双腿！

因为在编辑文本时不小心开启了改写模式，就是开启了【Insert】按钮。此时只需要在 Word 文档中按一下【Insert】按钮即可退出改写模式。再按一下该按钮便可转换到改写模式。更改模式后即可正常输入文本。

> 【睡前 10 分钟瘦腿术　消除水肿塑线条】一些女生非常地想瘦腿，但总是瘦不下来，小腿还是一如既往的粗壮。这种情况，很可能是你的小腿水肿。怎么办呢？下面这套腿部去浮肿按摩法，每天睡前做一次，每次 10 分钟，能够有效的缓解腿部肌肉疲劳，粗壮消除浮肿的双腿！

痛点 2：软回车和硬回车有什么区别

软回车是按【Shift+Enter】组合键产生的效果，一般文字后会有一个向下的箭头，如下图所示。

一般文字后面会有一个向左弯曲的箭头，如下图所示。

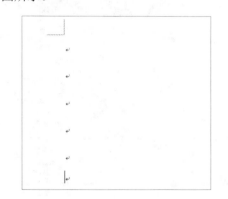

硬回车就是按【Enter】键产生的效果，

硬回车和软回车的主要区别在于：软回车是在换行不分段的情况下进行编写，而硬回车在分段时起了很关键的作用，如果经常打字的朋友会深有体会。硬回车换的行实在不敢恭维，行距太大了，以致给排版造成了不小的困难，这时候软回车就派上用场了。软回车只占一个字节，但是想要在 Word 中直接输入软回车并不是那么容易，因为软回车不是真正的段落标记，它只是另起一行而不是分段。所以软回车并不利于文字排版，因为它无法作为单独的一段被赋予特殊的格式。

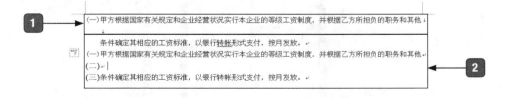

1 这是换行的软回车。　　　　　　　　　　**2** 这是分段的硬回车。

🎓 大神支招

问：怎样才能随时随地轻松搞定重要事情的记录，而且还不会被遗忘？

　　这个其实很简单，只需要在手机中安装一款名称为"印象笔记"的应用就行了，印象笔记是一款多功能笔记类应用，不仅可以将平时工作和生活中的想法和知识记录在笔记内，还可以将需要按时完成的工作事项记录在笔记内，并设置事项的定时或预定位置提醒。同时，笔记内容可以通过账户在多个设备之间进行同步，无论是图片还是文字，都能做到随时随地记录一切！

1. 创建新笔记并设置提醒

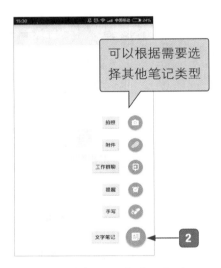

　　◳ 下载并安装印象笔记，点击【点击创　　　◳ 选择【文字笔记】选项。
　　　建新笔记】按钮。

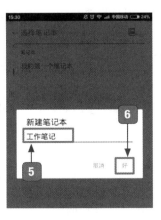

③ 点击▤按钮。

④ 点击【新建笔记本】按钮。

⑤ 在出现的提示框中输入笔记本名称。

⑥ 点击【好】按钮。

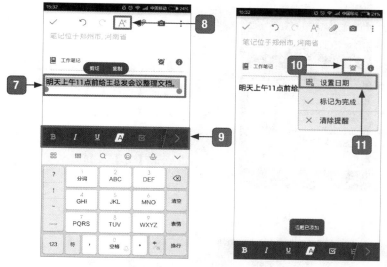

⑦ 输入笔记内容，并选中文本。

⑧ 点击该按钮。

⑨ 设置文字样式。

⑩ 点击该按钮。

⑪ 在弹出的下拉菜单中选择【设置日期】选项。

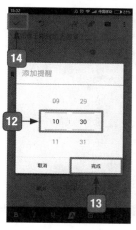 

⑫ 在【添加提醒】提示框中设置提醒时间。

⑬ 点击【完成】按钮。

⑭ 点击该按钮。

⑮ 创建新笔记后的效果。

2. 删除笔记本

1 点击【所有笔记】按钮。

2 在打开的界面中选择【笔记本】选项。

3 长按要删除的笔记本名称。

 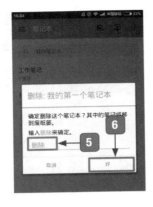

4 在打开的【笔记本选项】中选择【删除】选项。

5 在打开的提示框中输入文本【删除】。

6 点击【好】按钮。

3. 搜索笔记

1 点击【搜索】按钮。

2 输入搜索内容。

3 显示搜索结果。

第の章

文档的高级排版操作

>>> 你能想象，我们像刷墙一样轻松的修改文档格式吗？

>>> 你想让你的文档分成两栏、三栏显示吗？

>>> 你知道样式可以轻松地调整整篇文档的大纲和格式吗？

>>> 你还在一次一次地重复做着格式完全一样的文档吗？

本章节就来带你进一步学习文档的排版操作，让你更加了解 Word 的神奇！

6.1 设置页面版式布局

小白：最近我们部门一个同事，文章写的还没我好，却被老板赏识了。

大神：嗯？那他肯定有别的绝招吧！

小白：不就是会个布局。

大神：哈哈，你可别小瞧了这个页面布局。想被老板赏识，就来跟我学学吧！

6.1.1 设置页边距

页边距就是文档内容和纸张边缘之间的距离，可别小看这个距离，用得不好，不仅难看，还可能造成部分数据不能打印。

看看下面这篇文档吧。

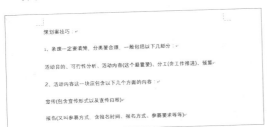 

1 在【布局】选项卡下【页面设置】组中单击【页边距】按钮。

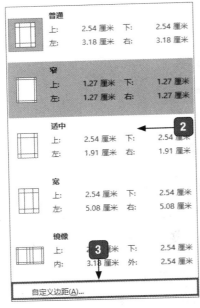 

2 在弹出的下拉列表中，选择自己需要的页边距。

③ 如果没有合适的页边距，单击【自定义边距】按钮。

④ 在【页面设置】对话框中根据自己的实际情况进行设置，此处上下左右均设置为"1.27 厘米"。

⑤ 单击【确定】按钮。

效果如下图所示。

6.1.2 设置纸张大小

纸张大小是指在打印时使用什么规格的纸张，如 A4、B5 等。

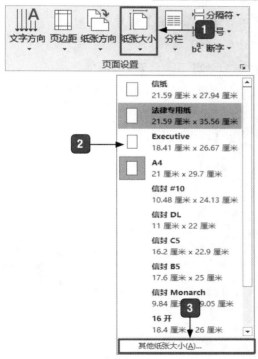

② 在弹出的下拉列表中，根据自己需要的纸张大小来进行选择。

① 单击【布局】选项卡下【页面设置】组中【纸张大小】下拉按钮 ▼ 。

③ 如果没有合适的，单击【其他纸张大小】按钮。

135

4 在【页面设置】对话框中根据自己的实际情况进行设置，此处设置宽度为【21厘米】、高度为【29.7厘米】。

5 单击【确定】按钮。

效果如下图所示。

提示：页边距、纸张方向和纸张大小的修改也可以通过在【布局】选项卡下单击【页面设置】组的按钮实现。

1 单击【页面设置】组中的【对话框启动器】按钮。

2 在打开的【页面设置】对话框中，可以进行页边距、纸张方向和纸张大小的设置。

3 单击【确定】按钮。

6.2 使用分栏排版

报纸内容分成一栏一栏的，既美观又方便阅读，现在来为大家讲解一下分栏功能的基本操作。

6.2.1 创建分栏版式

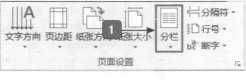

1 打开文档，在【布局】选项卡下【页面设置】组中单击【分栏】下拉按钮。

2 在弹出的下拉列表中单击【更多分栏】按钮。

提示：如果不需要特殊设置，那就直接单击【两栏】图标。

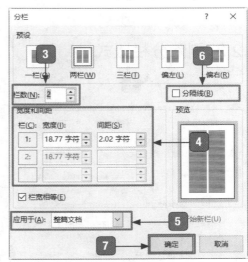

3 在【分栏】对话框中设置栏数为【2】。

4 在【宽度和间距】区域中设置宽度和间距。

5 在【应用于】列表框中设置应用区域。

6 设置是否需要分隔线。

7 单击【确定】按钮。

效果如下图所示。

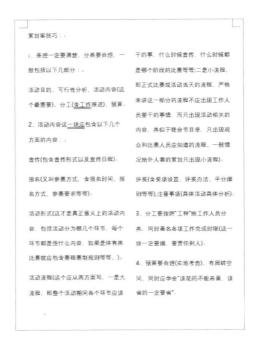

6.2.2 删除分栏版式

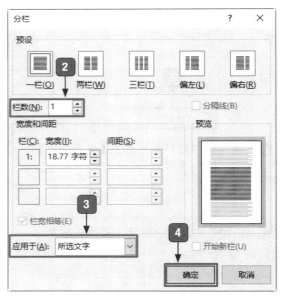

1 选中分栏的文字。　　**2** 在【分栏】对话框中将【栏数】设置为【1】。

3 将【应用于】设置为【所选文字】。　　**4** 单击【确定】按钮。

效果如下图所示。

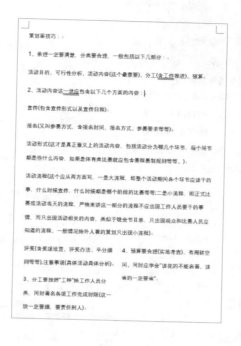

6.3 样式设置

样式是指一组已经被命名的字符格式或段落格式。通过使用样式可以给文本设定一套格式。使用样式可以提高效率，保证格式的一致性；使用样式可以方便修改文本格式，修改了样式就可以将应用这一样式的所有文本都做出修改。

Word 2016 自带样式功能，如下图所示。

6.3.1 基于现有内容的格式创建新样式

我们常常根据事先设置的文本格式或段落格式来进行新样式的创建，并添加到样式库中，以便在其他文本或段落中应用同样的格式。

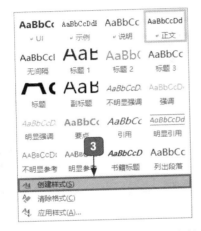

1 选中指定的文本。

2 单击【样式】按钮。

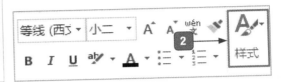

3 在弹出的下拉列表中选择
【创建样式】选项。

4 在【根据格式化创建新样
式】对话框中更改名称。

5 单击【确定】按钮。

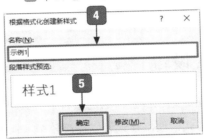

此时可以看到样式栏中出现了新创建的样式。

6 选中第二段文本。

7 单击【示例1】按钮。

效果如下图所示。

时间是有限的，同样也是无限的，有限的是每年只有三百六十五天，每天二十四小时，但他周而复始的在流逝。人生匆匆不过几十个春秋，直至老去的那天，时间还是那样，每一分每一秒的在走，像是无限的一样，但它赋予我们每个人的生命是有限的。

做人就要有目标，干一翻轰轰烈烈的事业，就算没有成功，回过头来仔细想想看，至少自己努力去做过，没有浪费时间，更没有虚度光阴。正所谓"一寸光阴一寸金，寸金难买寸光阴"，钱是一分一分挣来的，浪费了多少时间就等于是浪费了多少金钱。所以每一天，每一小时，每一分钟都很有价值。

6.3.2 修改样式

在不同的文档编辑阶段，我们可能会对文本格式有着不同的要求。如果对文本进行了样式的设定，那么当对样式有了新要求时，只需要对样式进行修改，新的格式将自动更新到设置该样式的文本中。

打开 Word 文档。

选中文档的标题行，单击【开始】→【样式】组中的【标题 3】按钮，就会得到如右图所示的结果。

此时你可能觉得，系统给的样式不符合自己的审美标准，那也简单，来修改它的格式吧。

单击【开始】选项卡下【样式】组中的【标题 3】，右击，在弹出的下拉菜单中选择【修改】命令。

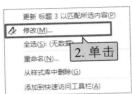

我们可以看到，此时【标题3】格式如下：字体为"中文标题"，字体颜色为"着色1"等基本信息。

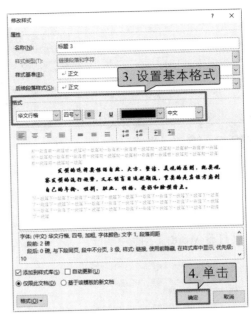

此时，我们按照需求，在【修改样式】对话框中将格式设置如下：字体为"华文行楷"，字号为"四号"加粗，字体颜色为"黑色"等基本信息。

提示：如果样式和格式混用，修改样式之后，另外添加的格式不会变，就会造成修改不便。

单击【确定】按钮，效果如下图所示。

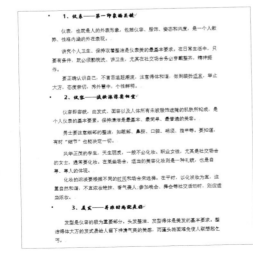

提示：如果你使用了格式，就需要一个个进行修改。此时，样式的快捷性得到了充分体现。

6.3.3 删除文档中的样式

打开"素材\ch06\时间.docx"文件，选中要删除样式的文字。

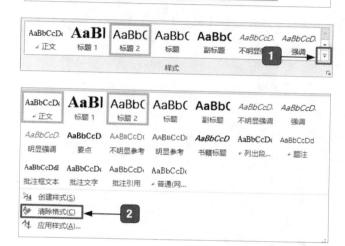

1. 单击【开始】选项卡下【样式】组中的⊡按钮。

2. 在弹出的下拉列表中选择【清除格式】选项。

最终效果如下图所示。

时间是有限的，同样也是无限的，有限的是每年只有三百六十五天，每天二十四小时，但他周而复始的在流逝。人生匆匆不过几十个春秋，直至老去的那天，时间还是那样，每一分每一秒的在走，像是无限的一样，但它赋予我们每个人的生命是有限的。

6.4 页眉和页脚

我们有时设置页眉/页脚，那什么是页眉/页脚呢？简单地说，就是除文档的正文以外，最上面和最下面的内容。

如何设置页眉和页脚呢，打开 Word 文档。

　　单击【插入】选项卡下【页眉和页脚】组中【页眉】的下拉按钮 ▾ 。

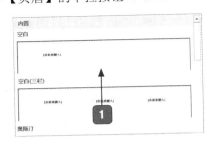

1 选择合适的页眉格式，此处选择【空白】选项。

效果如下图所示。

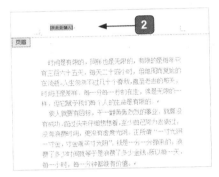

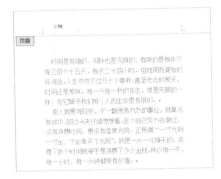

2 在页眉处编辑文字。

　　完成插入后，单击【页眉和页脚工具 设计】选项卡下【关闭】组中的【关闭页眉和页脚】按钮 ，或者双击文档空白处，即可退出页眉编辑状态。

　　页眉设置效果如下图所示。

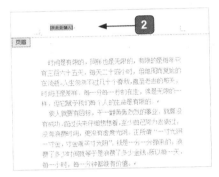

　　页脚的插入方法与页眉插入方法类似。

　　页脚设置效果如下图所示。

6.5 插入页码

大家看书的时候，都知道书下面有页码，可是，页码是怎么添加上去的呢？

6.5.1 添加页码

下面来学习添加页码，打开 Word 文档。

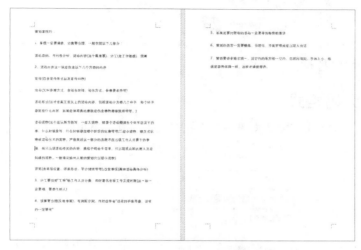

单击【插入】选项卡下【页眉和页脚】组中的【页码】的下拉按钮 ▾ 。

1 选择一个合适的插入页码的位置，此处以页面底端为例。

2 选择【简单】区域中的【普通数字2】选项。

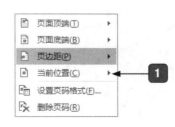

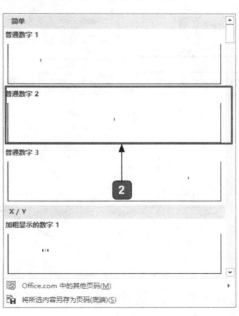

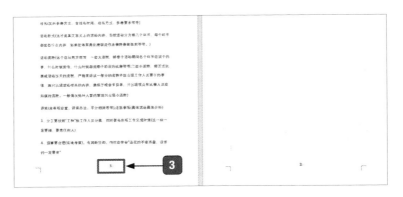

③ 添加页码后的效果。

6.5.2 设置页码格式

如果觉得单独写个 1、2、3 太单调，那我们就来设置一下页码的格式。单击【页码】下拉按钮。

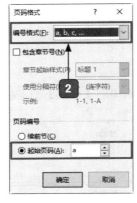

① 在弹出的下拉列表中选择【设置页码格式】选项。

② 在【页码格式】对话框中将【编号格式】设置为【a,b,c...】，将起始页码设置为【a】。

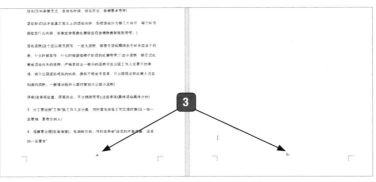

③ 设置页码格式后的效果。

6.6 实战案例——制作商务邀请函

小白：今天又要加班了。老板让我做一个商务邀请函。

大神：这章教你的没有学会吗？

小白：会是会了，就是不知道整个流程是什么。

大神：好吧，我来帮你梳理下。

1 创建一个空白文档。

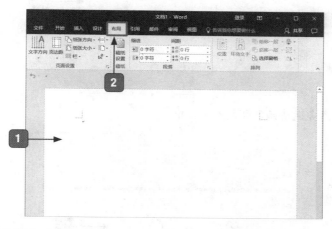

2 选择【布局】选项卡。

3 单击【页面设置】组中的【对话框启动器】按钮。

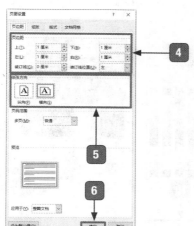

4 在【页面设置】对话框中将【页边距】的【上】【下】【左】【右】均设置为【1厘米】。

5 将【纸张方向】设置为横向。

6 单击【确定】按钮。

7 效果如下图所示。

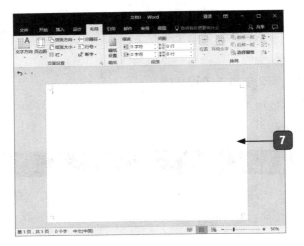

8 将素材中"商务邀请函"复制到文档中。

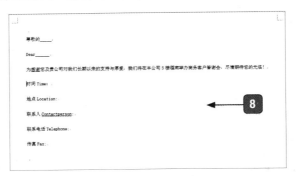

找到【设计】选项卡下的【页面背景】组。

9 单击【页面颜色】按钮。

10 在弹出的下拉列表中选择【填充效果】选项。

11 在【填充效果】对话框中选择合适的纹理。

12 单击【确定】按钮。

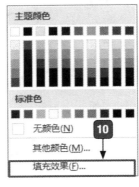

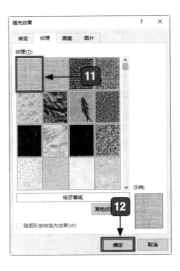

13 效果如下图所示

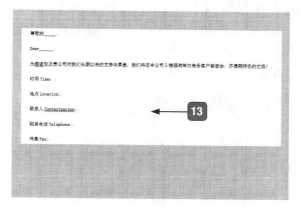

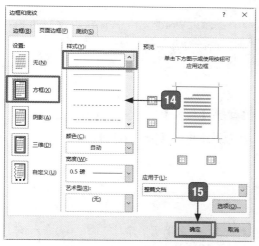

14 在【边框和底纹】对话框中选择需要的页面边框和样式。

15 单击【确定】按钮。

16 效果如下图所示。

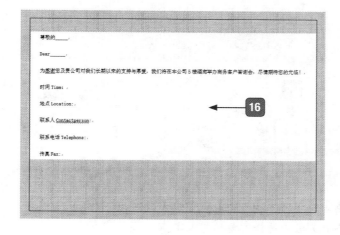

17 选中文字，在【字体】组中单击该按钮，进行文本效果的设定。

18 效果图如下图所示。

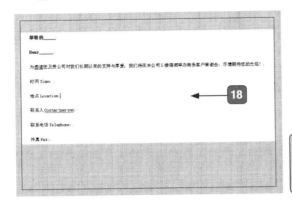

提示：Word 文档中有联机模板可供用户选择。

19 单击【插入】选项卡下【页面】组中的【分页】按钮。

20 效果如下图所示。

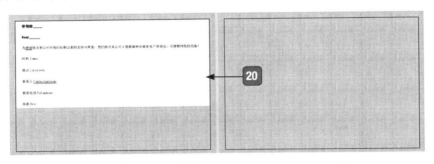

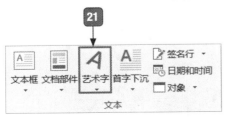

21 单击【插入】选项卡下【文本】组中的【艺术字】按钮。

22 在弹出的下拉列表中选择需要的艺术字。

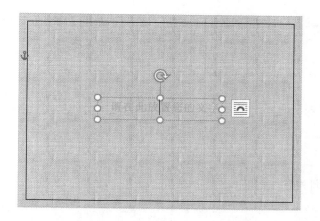

23 在【绘图工具 格式】选项卡下【艺术字样式】组中单击【文本效果】按钮。

24 在弹出的下拉列表中选择需要的文本效果。

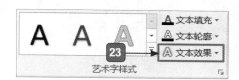

25 效果如下图所示。

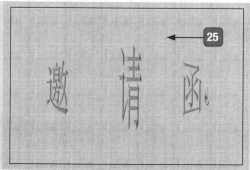

26 单击【插入】选项卡下【页眉和页脚】组中的【页眉】按钮。

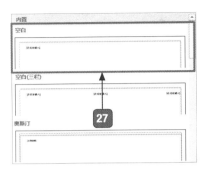

27 选择【内置】区域中的【空白】选项。

28 在页眉处编辑内容，效果如下图所示。

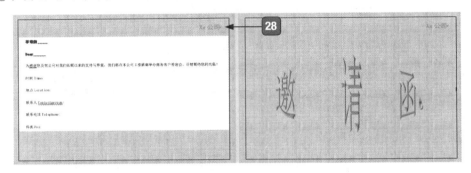

29 单击【插入】选项卡下【页眉和页脚】组中的【页码】按钮。

30 在弹出的下拉列表中选择【页面底端】→【普通数字2】选项。

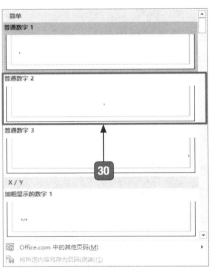

最终效果如下图所示。

痛点解析

痛点 1：如何去除文档上的页眉线

小白：大神，我做的文档本来觉得太过于简单，就在页面上插入了页眉，可是编辑完成后，
     竟然还有一条直线在下面，文档变得更难看了。

大神：哈哈，这就尴尬了。

小白：你就别笑了，有什么方法能帮我解决这个问题吗？

大神：当然了，跟着我来做吧。

　　　打开 Word 文档。

1 插入页眉。

2 单击【开始】选项卡下【样式】组的下拉按钮。

3 在弹出的下拉列表中选择【清除格式】选项，完成页眉线的删除。

153

效果如下图所示。

怎么删除页眉线

痛点 2：收缩文档的内容

小白：有时候我的文档在下一页就多出来一点，怎样才能把它们放到一页呢？

大神：你可以尝试缩小页边距、行间距等，跟着我来做吧。

打开 Word 文档。

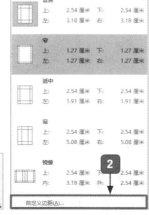

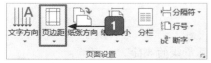

1 单击【布局】选项卡下【页面设置】组中的【页边距】下拉按钮。

2 在弹出的下拉列表中选择【自定义边距】选项。

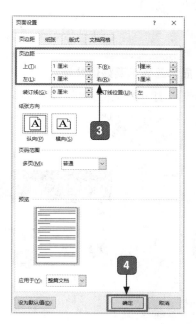

3 在【页面设置】对话框中将
【页边距】上下左右都设
置为【1厘米】。

4 单击【确定】按钮。

效果如下图所示。

大神支招

问：手机办公时，如果出现文档打不开或打开后显示乱码，要如何处理？

使用手机办公打开文档时，可能会出现文件无法打开或文档打开后显示乱码的情况，这时候可以根据要打开的文档类型选择合适的应用程序来打开文档。

1. Word/Excel/PPT 打不开怎么办

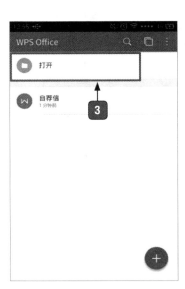

> 1 下载并安装 WPS Office，点击【打开】按钮。

> 2 在打开的界面中点击【使用 WPS Office】按钮。

> 3 在打开的界面中点击【打开】按钮。

> 4 在【常用】界面中选择要打开的文档。

> 5 即可正常打开 Word 文档。

2. 文档显示乱码怎么办

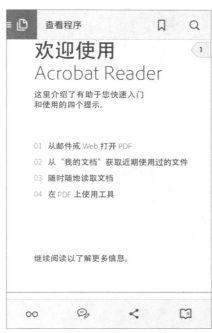

1 要想打开 PDF 格式文档，可以下载并安装 Adobe Acrobat，点击【打开】按钮。

2 在打开的界面中选择要打开的 PDF 文档。

3. 压缩文件打不开怎么办

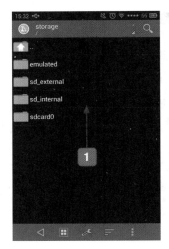
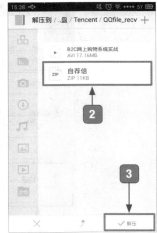

1 下载，安装并打开 ZArchiver 应用程序。

2 在打开的界面中选择要解压的压缩文件。

3 点击【解压】按钮。

4 即可完成解压，显示所有内容。

第7章

单元格和工作表

>>> 如果你需要移动一部分数据怎么办？

>>> 如果你想要删除一部分单元格怎么办？

>>> 你知道删除单元格后，会带来什么后续影响吗？
又该如何处理呢？

>>> 如果你想把一部分数据藏起来，不让别人看怎
么办？

看完本章你将解决这些难题！

7.1 选定单元格

什么是单元格呢？顾名思义，它是一个"单元"，呈网格状，它是组成表格的最小单位，每一行列交叉就是一个单元格。通俗地讲，当打开 Excel 时，你所看到中心的工作区由许多小格组成，这里的小格就称为"单元格"了。只有选定单元格之后，才能在表格中编辑和输入工作所需要的内容。

Excel 2016 提供了多种选定单元格的方法，如鼠标选定、键盘选定、按条件选定，你可以在多种方法中选择合适的方式来选定单元格。

7.1.1 使用鼠标选定单元格

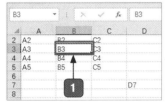 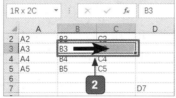

1 只需要选中一个单元格时，直接单击该单元格。

2 选中连续的单元格，按住鼠标左键拖动到最后一个单元格即可。

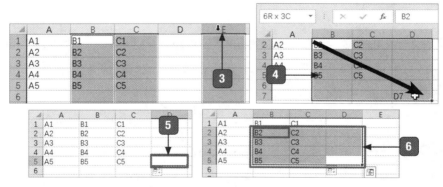

3 若选择整行整列，单击行号及列号即可。选择不连续的行时，按下【Ctrl】键的同时选定行号即可。

4 单击【B2】单元格，按住鼠标左键不放，拖动到【D7】单元格，即可选定图中所示的矩形单元格。

5 选中一个单元格，按住【Shift】键。

6 再单击【B2】单元格，即可选中两个单元格间成矩形的所有单元格。

7.1.2 使用键盘选定单元格

使用键盘选定单元格有几种方法，常用的有：使用键盘的【Ctrl+A】组合键将单元格全部选中；选定指定区域的单元格，可以用【Shift+ 方向键】组合键选定。

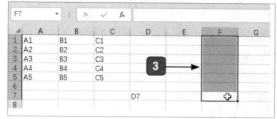

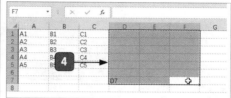

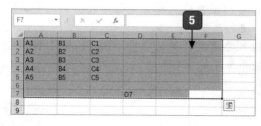

> **提示**：在利用【Ctrl+Shift+方向键】组合键时，如果在没有数据的区域使用，则会选中某一个方向所有的行或列。

1 选中一个单元格，按【Ctrl+A】组合键，单元格周围有数据的单元格将被选中。

2 再次按【Ctrl+A】组合键，整个工作表中所有单元格都将被选中。

3 选中一个单元格，按住【Ctrl + Shift】组合键的同时按【↑】方向键，可向上选中。

4 按住【Ctrl + Shift】组合键的同时按【←】方向键。

5 即可选中单元格以左的更多单元格。

7.1.3 按条件选定单元格

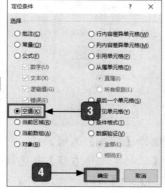

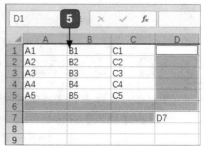

提示： 定位的快捷键是【Ctrl+G】或【F5】，这样可以直接弹出定位条件，选择条件即可。

1 单击【开始】→【编辑】组→【查找和选择】按钮。

2 在弹出的下拉列表中选择【定位条件】选项。

3 在【定位条件】对话框中选中【空值】单选按钮。

4 单击【确定】按钮。

5 选定空值效果，工作区内的空值被选中。

6 在名称框内输入要选定的单元格的名称，可以直接选择单元格。

7 输入要选定的单元格后，按【Enter】键就能选中单元格。

7.2 单元格操作

在你使用 Excel 的时候，要是编辑的内容错误，或者编辑内容放错了单元格该怎么移动呢？又怎样简单快速地移动呢？编辑的两个单元格的内容一样，怎么处理呢？这时候你肯定不想重新整理数据，而想通过复制移动等简单操作来处理，该怎么处理呢？下面给你答案。

7.2.1 插入单元格

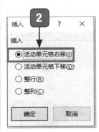

1 右击，在弹出的快捷菜单中选择【插入】选项。

2 弹出【插入】对话框，选中【活动单元格右移】单选按钮。

3 插入单元格效果，原来的【C4】和【D4】单元格都右移了一格。

7.2.2 插入行或列

行列数目太少不够用？【插入】选项来帮你。

1.插入行

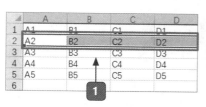

1. 选中需要插入的行。

2. 在被选中的区域右击，在弹出的快捷菜单中选择【插入】选项。

3. 插入行效果，新的一行就被插入了。

2.插入列

1. 选中需要插入的列。

2. 在选中区域任意位置右击，在弹出的快捷菜单中选择【插入】选项。

3. 插入列效果。

7.2.3 删除单元格

单元格添加错误？单元格重复？没关系，你可以一键将它删除。

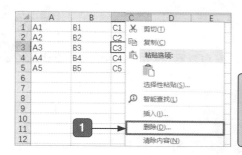

1. 选中要删除的单元格【C3】并右击，在弹出的快捷菜单中选择【删除】选项。

提示： 如果只需要删除单元格中的内容，而不希望其他单元格移动，选择【删除】下方的【清除内容】选项即可。

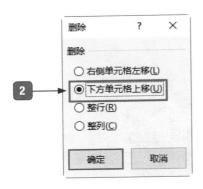

2 打开【删除】对话框，根据你的需求选择不同
　的删除方式，这里选中【下方单元格上移】
　单选按钮，单击【确定】按钮。

3 删除单元格效果。

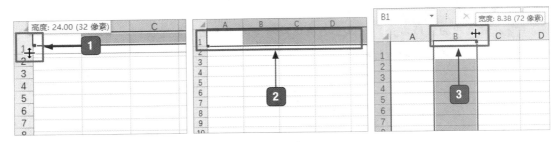

7.2.4 调整行高和列宽

1 选中需要修改的行，将鼠标指针移动至行序号 1 和 2
　之间，当鼠标指针变为╪形状时，按住鼠标向下拖动
　至需要调整的高度。

2 调整行高效果。

3 选中需要修改的列，将鼠标指针移动至列序号 B 和 C
　之间，当鼠标指针变为╪形状时，按住鼠标向右拖动
　至需要调整的宽度。

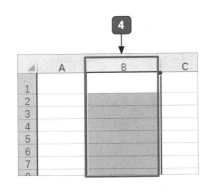

4 调整列宽效果。

7.3 设置单元格格式

　　设置单元格格式说起来简单，做起来也简单，但却容易犯错，如果我们设置得到位，会节约很多的时间。

7.3.1 设置字符格式

　　在 Excel 制表的过程中，赏心悦目的字符需要多彩的颜色，如不同的字号、完美的字体等的点缀，那么完成这一系列动作的过程就是设置字符格式。

1 打开"素材 \ch07\ 账单明细 .xlsx"文件。

2 选中单元格区域 A1:F8。

3 在【字体】组中设置字体为【方正姚体】。

4 设置字号为【12】。

5 设置字体颜色为【蓝色】。

6 设置字符格式后的效果。

7.3.2 设置单元格对齐方式

在 Excel 2016 中，单元格默认的对齐方式有左对齐、右对齐和合并居中等。其实对齐方式有左对齐、右对齐、居中、减少缩进量、增加缩进量、顶端对齐、底端对齐、垂直居中、自动换行、方向、合并后居中。用户根据需求选择相应的对齐方式即可。

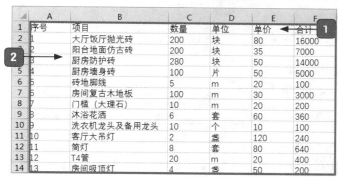

> **提示：**单元格默认文本是左对齐，数字是右对齐。

1 打开"素材 \ch07\ 装修预算表 .xlsx"。

2 选中单元格 A1:F14。

3 单击【对齐方式】组中的【居中】按钮。

4 设置单元格【居中】对齐方式后的效果。

7.3.3 设置自动换行

Excel 表格的单元格是系统默认的，那文字太长怎么办？想让文字集中在一个单元格中怎么办？那就自动换行吧！这一小节来教你。

① 打开一个空白工作表，输入文本。

③ 单元格中文本自动换行后的效果。

② 单击【对齐方式】组中的【自动换行】按钮。

7.3.4 单元格合并和居中

合并单元格指的是将同一列或同一行的多个单元格合并成一个单元格，居中就是将文本放置在单元格的中间。所以为了更加直观，在很多表格中经常会用到单元格合并和居中。

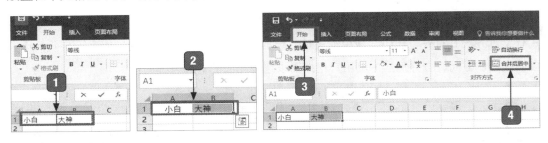

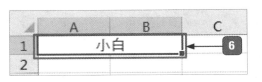

① 新建一个空白工作表，分别在单元格 A1 和 B1 中输入文本。

② 选中单元格 A1 和 B1。

③ 选择【开始】选项卡。

④ 单击【对齐方式】组中的【合并后居中】按钮。

⑤ 在弹出的提示框中单击【确定】按钮。

⑥ 单元格合并后居中的效果。

7.3.5 设置数字格式

Excel 2016 的单元格默认是没有格式的，当你想输入时间日期时，就需要对单元格设置数字格式。

1. 最常用的方法——通过鼠标设置数字格式

1 选中单元格并右击。

2 在弹出的快捷菜单中选择
【设置单元格格式】选项。

3 在【设置单元格格式】对
话框中选择所需数字格式。

4 单击【确定】按钮。

2. 最便捷的方法——通过功能区设置数字格式

1 选择【开始】选项卡。

2 单击【数字】组中的下拉按钮。

3 在下拉列表框中即可选择所需要
的数字格式。

> **提示**：常用的数字格式设置有快捷键。
> Ctrl+Shift+~：常规格式。
> Ctrl+Shift+$：货币格式。
> Ctrl+Shift+%：百分比格式。
> Ctrl+Shift+#：日期格式。
> Ctrl+Shift+@：时间格式。
> Ctrl+Shift+！：千位分隔符格式。

167

7.3.6 设置单元格边框

Excel 的单元格系统默认是浅灰色的，设置单元格边框能够使边框更加清晰。

1. 最常用的方法——使用功能区设置边框

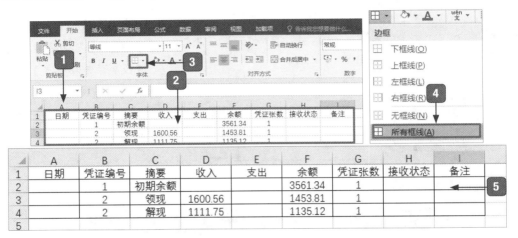

1. 打开"素材\ch07\现金收支明细表.xlsx"表。

2. 选中单元格 A1:I4。

3. 单击【字体】组里的【边框】按钮。

4. 在弹出的下拉列表中选择【所有框线】选项。

5. 设置所有框线后的效果。

2. 最便捷的方法——通过对话框设置边框

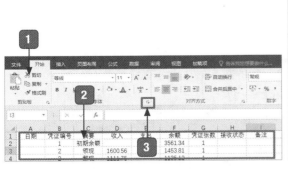

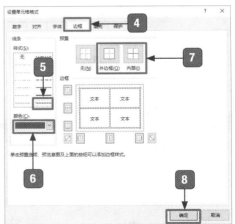

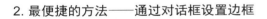

1 打开"素材\ch07\现金收支明细表.xlsx"表。

2 选中单元格A1:I4。

3 单击【字体】组中的【对话框启动器】按钮。

4 在【设置单元格格式】对话框中选择【边框】选项卡。

5 在【样式】列表框中选择所需的样式。

6 将【颜色】设置为【蓝色】。

7 单击【外边框】和【内部】图标。

8 单击【确定】按钮。

9 设置边框后的效果。

7.3.7 设置单元格底纹

在制表的过程中，我们都希望表头的颜色会不一样，所以就有了设置单元格底纹。那有的人就会好奇，与填充颜色有什么区别呢？底纹颜色是模板的颜色，单元格填充只与单元格有关。

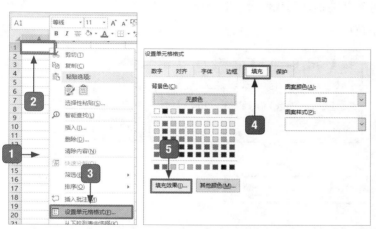

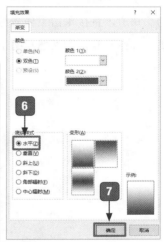

1 打开一个空白工作簿。

2 选中单元格并右击。

3 在弹出的快捷菜单中选择【设置单元格格式】选项。

4 在【设置单元格格式】对话框中选择【填充】选项卡。

5 单击【填充效果】按钮。

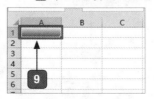

6 在【填充效果】对话框中选中【水平】单选按钮。

7 单击【确定】按钮。

8 返回【设置单元格格式】对话框，单击【确定】按钮。

9 单元格设置完底纹的效果。

169

7.4 工作表操作

所谓工作簿，就是指 Excel 环境中用来存储，并能够处理工作数据的文件。也就是说我们在桌面上新建的 Excel 文档就是工作簿，它是 Excel 工作区中一个或多个工作表的集合。每一个工作簿可以拥有许多不同的工作表，所以说工作表是包含在工作簿中的。

"工作表"在 Excel 中可是"老大"，工作所需的表格都需要在它的基础上建立，下面我们就来讲一讲如何建立并操作工作表。

7.4.1 切换工作表

上一节我们学会了如何新建多个工作表，那在工作时一定要在多个工作表之间切换，我们都知道，直接单击工作表标签就能切换到我们想看的工作表，但工作讲究的是效率，我还要告诉你一些不为人熟知的小技巧。

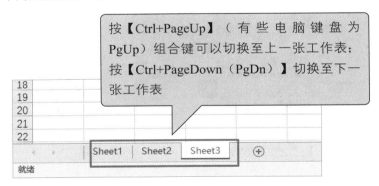

当然，如果我们新建的表格数目过多，那使用快捷键也未必会给我们带来方便，别急，我们还有别的办法。

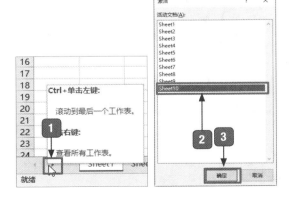

1 右击滚动条滑块。

2 弹出【激活】对话框，选择你想要切换的工作表。

3 单击【确定】按钮。

7.4.2 移动复制工作表

1. 在当前工作表中移动 / 复制

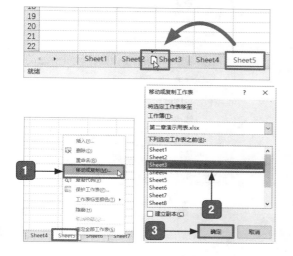

方法1

在 Sheet5 工作表标签处按住鼠标左键不动，拖动到你想移动到的位置处，黑色倒三角形即为工作表移动到的位置。

方法2

1 右击你想移动的工作表，在弹出的快捷菜单中选择【移动或复制】命令。

2 在【移动或复制工作表】对话框中选择你想移动到的位置（注意只能移动到下列选定工作表之前）。

3 单击【确定】按钮。

2. 工作簿间移动 / 复制工作表

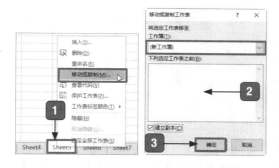

1 右击你想移动或复制的工作表，在弹出的快捷菜单中选择【移动或复制】命令。

2 在弹出的对话框中选择你想要移动到的其他工作簿（此处我们选择新工作簿）；如果想要复制工作簿，还需选中【建立副本】复选框。

3 单击【确定】按钮。

7.4.3 重命名与删除工作表

1. 重命名表

右击需要重命名的工作表，在弹出的快捷菜单中选择【重命名】选项，当工作表标签被选中时再输入要修改的名称，修改好按【Enter】键即可。

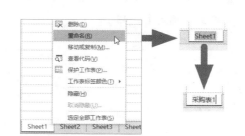

2. 删除表

如果不想要这个工作表了，那么右击要删除的工作表，在弹出的快捷菜单中选择【删除】选项即可。

7.4.4 隐藏操作

1. 基于工作表的隐藏操作

1️⃣ 隐藏工作表：右击需要隐藏的工作表，在弹出的快捷菜单中选择【隐藏】选项。

2️⃣ 取消隐藏工作表：右击工作表标签任意位置，在弹出的快捷菜单中选择【取消隐藏】选项。

3️⃣ 在弹出的【取消隐藏】对话框中选择想要取消隐藏的工作表。

4️⃣ 单击【确定】按钮。

2. 隐藏行

1️⃣ 将鼠标指针移动至想隐藏的行，
当指针变为指向右侧的黑色箭
头时，单击选中该行。

2️⃣ 在选中的行上右击，在弹出的快
捷菜单中选择【隐藏】选项，
即可隐藏行。

3️⃣ 选中隐藏行前后两行并右击，在
弹出的快捷菜单中选择【取消
隐藏】选项，即可取消隐藏行。

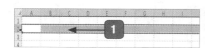

3. 隐藏列

1️⃣ 隐藏列：与隐藏行方法相同，选
中想要隐藏的列并右击，在弹
出的快捷菜单中选择【隐藏】
选项。

2️⃣ 取消隐藏列：选中隐藏列前后两
列并右击，在弹出的快捷菜单
中选择【取消隐藏】选项。

7.5 美化工作表

　　Excel 表格默认的样式太过简陋，但是强大的 Excel 提供了多种美化样式的
方法，只要你会设置单元格样式，会套用表格样式，就再也不用担心不会 Excel 表格美化了。

7.5.1 设置单元格样式

　　单元格的样式有很多种，如单元格文本样式、单元格背景样式、单元格标题样式等，本
小节就带大家设置单元格样式。

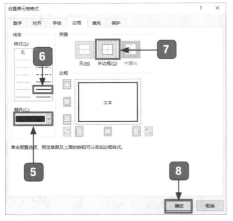

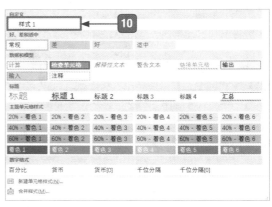

1. 打开"素材 \ch07\ 市场工作周计划报表 .xlsx"表格。

2. 单击【样式】组中的【单元格样式】按钮。

3. 在弹出的下拉列表中选择【新建单元格样式】选项。

4. 在【样式】文本框中编辑好样式名称，单击【格式】按钮。

5. 在【设置单元格格式】对话框中设置【颜色】为【蓝色，个性色 5，深色 50%】。

⑥ 在【样式】列表框中选择【加粗实线】样式。

⑦ 单击【外边框】图标。

⑧ 单击【确定】按钮。

⑨ 返回【样式】对话框，单击【确定】按钮。

⑩ 在【单元格样式】下拉列表中选择【样式1】选项。

序号	项目	2014年实际	2015年预算	2015年			2016年预算					6/15年差异	
				1-9月实际	10-12预测	全年预估	一季度	二季度	三季度	四季度	全年合计	数量	%
1	工资及附加												
2	折旧费												
3	装修费及物料消耗												
4	劳动保护费												
5	办公费												
6	装饰费												
7	保险费												
8	通讯费												
9	车辆费												
10	电费												

⑪

⑪ 设置单元格样式后的效果。

7.5.2 套用表格样式

一个人有衣服的装饰才会变得更加美丽动人，Excel 的套用表格样式就好比穿衣服，能一键使表格设计得赏心悦目。让我们一起走进表格的"更衣间"。

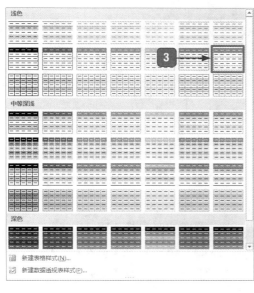

① 打开"素材\ch07\库存统计表.xlsx"表格

② 单击【样式】组中的【套用表格格式】按钮。

③ 在弹出的下拉列表中选择【绿色，表样式浅色 14】选项。

④ 在【套用表格式】对话框中单击【确定】按钮。

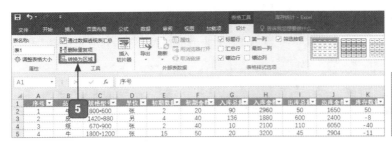

提示：Excel 2016 提供有 60 种表格，大大提高了用户工作的效率及表格的美观性。

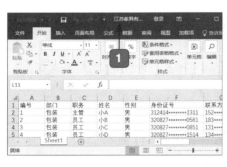

5 单击【工具】组中的【转换为区域】按钮。　　7 套用表格样式后的效果。

6 在弹出的提示框中单击【是】按钮。

7.6 实战案例——美化员工资料归档管理表

大神：学习了这么多，目的就是做出"高大上"的表格啊！

小白：没毛病！

大神：那我们一起来做一个员工资料归档管理表吧！

小白：你就等着我给你露一手吧！

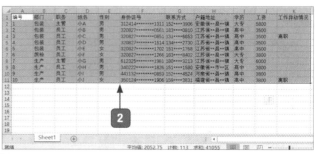

1 打开"素材 \ch07\ 江苏家具有限公司 .xlsx"表。

2 选中单元格 A1:K11。

3 设置字体为【华文仿宋】。

4 设置字号为【12】。

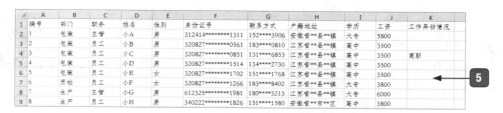

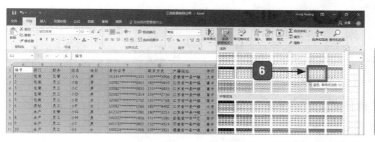

	A	B	C	D	E	F	G	H	I	J	K
1	编号	部门	职务	姓名	性别	身份证号	联系方式	户籍地址	学历	工资	工作异动情况
2	1	包装	主管	小A	男	312414********1311	152****3906	安徽省**县**镇	大专	5800	
3	2	包装	员工	小B	男	320827********0561	183****0810	江苏省**县**镇	高中	3500	
4	3	包装	员工	小C	男	320827********0851	131****6853	江苏省**县**镇	高中	3500	离职
5	4	包装	员工	小D	男	320827********1514	134****2730	江苏省**县**镇	高中	3500	
6	5	包装	员工	小E	女	320827********1702	151****1768	江苏省**县**镇	高中	3500	
7	6	质检	员工	小F	女	320827********1266	183****8402	江苏省**县**镇	大专	3800	
8	7	生产	主管	小G	男	612325********1981	180****3213	江苏省**县**镇	大专	6000	
9	8	生产	员工	小H	男	340222********1826	151****1580	安徽省**市**区	高中	3800	
10	9	生产	员工	小I	男	441132********0853	152****4524	河南省**县**镇	高中	3800	
11	10	生产	员工	小J	女	350124********1906	159****3831	福建省**县**镇	高中	3800	离职

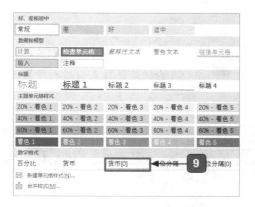

5 设置字体与字号后的效果。

6 单击【套用表格格式】按钮,在弹出的下拉列表中选择【蓝色,表样式,13】选项。

7 在【套用表格式】对话框中单击【确定】按钮。

8 套用表格样式后的效果。

9 选中单元格 J2:J11,设置【数字格式】为【货币 [0]】。

10 美化完表格后的效果。

	A	B	C	D	E	F	G	H	I	J	K
1	编号	部门	职务	姓名	性别	身份证号	联系方式	户籍地址	学历	工资	工作异动情况
2	1	包装	主管	小A	男	312414********1311	152****3906	安徽省**县**镇	大专	¥ 5,800	
3	2	包装	员工	小B	男	320827********0561	183****0810	江苏省**县**镇	高中	¥ 3,500	
4	3	包装	员工	小C	男	320827********0851	131****6853	江苏省**县**镇	高中	¥ 3,500	离职
5	4	包装	员工	小D	男	320827********1514	134****2730	江苏省**县**镇	高中	¥ 3,500	
6	5	包装	员工	小E	女	320827********1702	151****1768	江苏省**县**镇	高中	¥ 3,500	
7	6	质检	员工	小F	女	320827********1266	183****8402	江苏省**县**镇	大专	¥ 3,800	
8	7	生产	主管	小G	男	612325********1981	180****3213	江苏省**县**镇	大专	¥ 6,000	
9	8	生产	员工	小H	男	340222********1826	151****1580	安徽省**市**区	高中	¥ 3,800	
10	9	生产	员工	小I	男	441132********0853	152****4524	河南省**县**镇	高中	¥ 3,800	
11	10	生产	员工	小J	女	350124********1906	159****3831	福建省**县**镇	高中	¥ 3,800	离职

痛点解析

Excel 表格的表头通常会出现分项目的情况，根据需要还可能分好几个呢，但是，有了这本书就不再惧怕了，本小节带你从简单的表头玩到复杂的表头。

痛点 1：绘制单斜线表头

1. 新建一个空白工作簿，在单元格 B1 和 A2 中输入文本。
2. 选中 A1 单元格，按【Ctrl+1】组合键。
3. 打开【设置单元格格式】对话框，选择【边框】选项卡。
4. 在【样式】列表框中选择所需的样式。
5. 单击此图标。
6. 单击【确定】按钮。

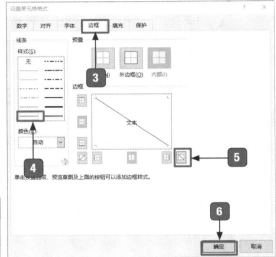

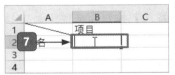 

7. 选中单元格 B2，按【F4】键。
8. 绘制单斜线表头后的效果。

痛点 2：绘制多斜线表头

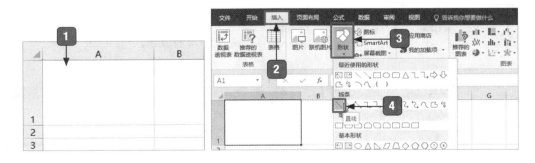

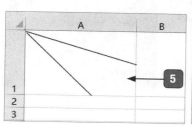

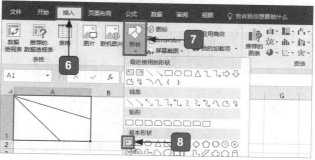

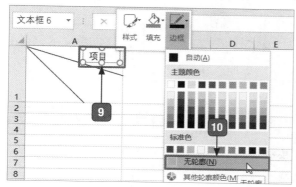

1️⃣ 新建一个空白工作簿，选中 A1 单元格进行调整。

2️⃣ 选择【插入】选项卡。

3️⃣ 单击【形状】按钮。

4️⃣ 在弹出的下拉列表中选择【直线】进行单元格绘制。

5️⃣ 单元格绘制多斜线后的效果。

6️⃣ 选择【插入】选项卡。

7️⃣ 单击【形状】按钮。

8️⃣ 在弹出的下拉列表中选择【文本框】选项。

9️⃣ 在单元格中绘制文本框，并且输入文本内容。

🔟 右击，在弹出的下拉列表中选择【无轮廓】选项。

⓫ 绘制多斜线表头后的效果。

🎓 大神支招

问：如何使用手机将重要日程一个不落地记下来？

日程管理无论对个人还是对企业来说都是很重要的，做好日程管理，个人可以更好地规划自己的工作、生活，企业能确保各项工作及时有效推进，保证在规定时间内完成既定任务。做好日程管理既可以借助一些日程管理软件，也可以使用手机自带的软件，如使用手机自带的日历、闹钟、便签等应用进行重要日程提醒。

1. 在日历中添加日程提醒

1 打开【日历】应用，点击【添加】按钮。

2 在打开的界面中选择【日程】选项。

3 输入日程内容。

4 选择【开始时间】选项。

5 设置日程的开始时间。

6 点击【确定】按钮。

7 选择【结束时间】选项，设置日程的结束时间。

8 点击【确定】按钮。

9 选择【提醒】选项，设置日程的提醒
时间。

10 点击【返回】按钮。

11 完成日程提醒的添加，到提醒时间后，
将会发出提醒。

2. 创建闹钟进行日程提醒

1 打开【闹钟】应用，点击【添加闹钟】按钮。

2 在打开的界面中选择【重复】选项。

3 在打开的界面中选择【只响一次】选项。

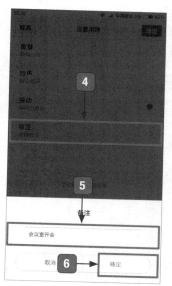  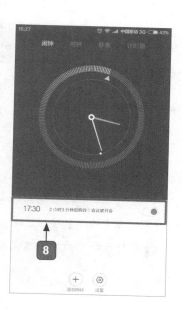

4 在打开的界面中选择【备注】选项。

5 输入备注内容。

6 点击【确定】按钮。

7 设置提醒时间。

8 完成使用闹钟设置提醒的创建，到提醒时间后，将会发出提醒。

3. 创建便签日程提醒

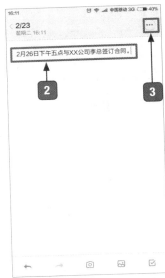

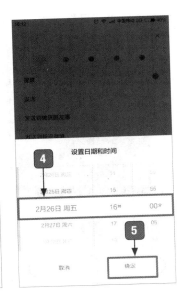

1 打开【便签】应用，点击【新建便签】按钮。

2 在打开的界面中输入便签内容。

3 点击【设置】按钮。

4 设置提醒日期和时间。

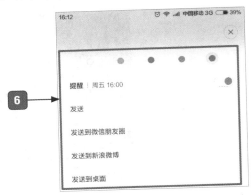

5 点击【确定】按钮。

6 在打开的界面中根据需要设置颜色或发送便签。

7 完成便签日程的创建。

数据管理与分析

>>> 在 Excel 表格中，你会快速地分析处理数据吗？

>>> 如果给你一张数据很多的销售统计表，你如何
快速找出销售额最大的前几种商品？

>>> 分类汇总有什么作用？

这一章就来告诉你如何快速高效地处理分析
数据！

8.1 常见图表的创建

小白：图表的各种类型我了解了，那接下来图表应该怎样创建呢？

大神：别急，看我们接下来的内容，你就知道如何创建图表了。

小白：那创建图表都有什么方法呢？

大神：在这里我会介绍 3 种方法创建图表，每小节一种，你要仔细看呀。

8.1.1 创建显示差异的图表

首先是最方便的快捷键创建图表，这小节我们用这种方式。打开"素材 \ch08\ 商场销售统计分析表 .xlsx"文件，以条形图为例，使用快捷键创建显示各种产品销售差异的柱状图。

1️⃣ 打开表格，选中任意一个单元格。

2️⃣ 选择【插入】选项卡，按【F11】键。

3️⃣ 柱状图创建成功。

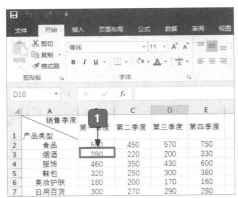

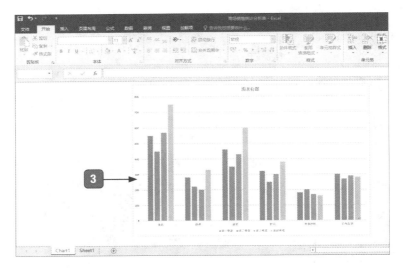

8.1.2 创建显示趋势的图表

打开"素材 \ch08\ 商场销售统计分析表 .xlsx"文件。这里我们将使用功能区创建一个折线图来显示产品销售额随季度的变化趋势。具体操作步骤如下。

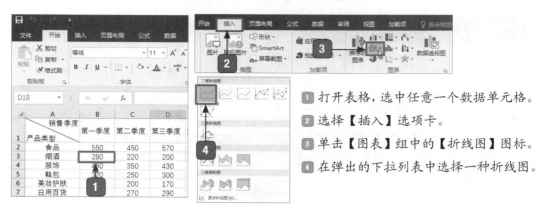

1 打开表格，选中任意一个数据单元格。

2 选择【插入】选项卡。

3 单击【图表】组中的【折线图】图标。

4 在弹出的下拉列表中选择一种折线图。

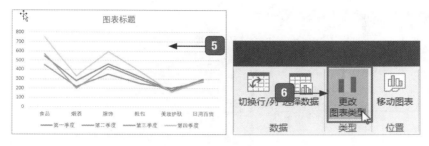

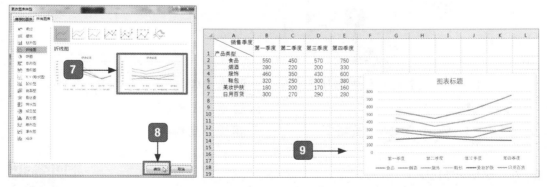

5 则出现此折线图，但应将横坐标改为季度。

6 单击【类型】组中的【更改图表类型】按钮。

7 单击此图表。

8 单击【确定】按钮。

9 图表创建完成。

可以显示变化趋势的图表有多种，在这里以最常用的折线图为例讲述创建过程，若需要其他图表，则过程相同。

8.1.3 创建显示关系的图表

现在我们使用第 3 种常用的方式——利用图表向导创建 XY 散点图，它可以显示不同点间的数值变化关系。打开"素材 \ch08\ 商场销售统计分析表 .xlsx"文件，具体操作步骤如下。

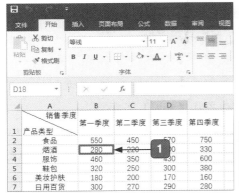

1 打开表格，选中任意一个数据单元格。

2 选择【插入】选项卡。

3 单击【查看所有图表】按钮。

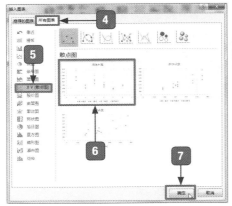

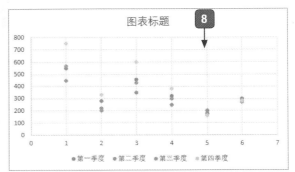

4 在【插入图表】对话框中选择【所有图表】选项卡。

5 选择【XY（散点图）】选项。

6 在【散点图】区域选中此表格类型。

7 单击【确定】按钮。

8 散点图创建成功。

8.2 编辑图表

小白：创建图表后，想要进一步编辑应该怎么做呢？

大神：不用怕，这个也是非常简单的，接下来你就按照我说的去做，肯定能做出既漂亮又实用的表格！

8.2.1 更改图表类型

有时候创建好图表后，会发现图表并不能满足自己的要求，这时候我们就需要更改图表的类型。打开"素材\ch08\商场销售统计分析表（柱状图）.xlsx"文件，以此为例将柱状图改为折线图，具体操作步骤如下。

① 打开表格，选中图表。

② 选择【设计】选项卡。

③ 单击【类型】组中的【更改图表类型】按钮。

④ 在【更改图表类型】对话框中选择【折线图】选项。

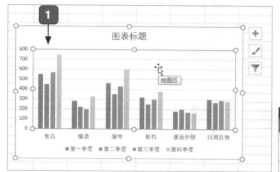

⑤ 在【折线图】区域中选择所需要的折线图类型。

⑥ 单击【确定】按钮。

⑦ 图表类型修改成功。

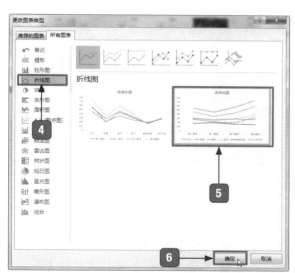

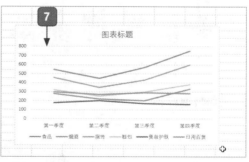

若需要改成其他类型图表，则步骤相同。

8.2.2 添加图表元素

187

添加图表元素可以让图表更细化，数据更清晰，在这里我们介绍添加图表标题、添加数据标签、添加数据表这3种常用的添加图表元素，若需要添加其他元素，过程与此类似，就需要你自己慢慢探索啦。打开"素材\ch08\商场销售统计分析表（柱状图）.xlsx"文件，具体操作步骤如下。

1. 添加图表标题

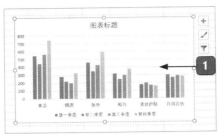

1. 打开表格，选中图表。

2. 选择【设计】选项卡。

3. 单击【图表布局】组中的【添加图表元素】按钮。

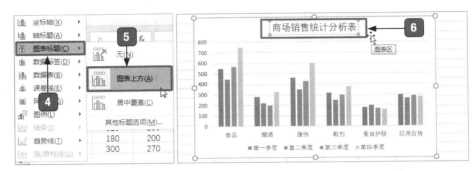

4. 在弹出的菜单中选择【图表标题】选项。

5. 在级联菜单中选择【图表上方】选项。

6. 在图表上方输入文本"商场销售统计分析表"。

7. 添加图表标题完成。

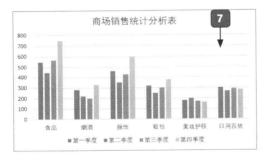

2. 添加数据标签

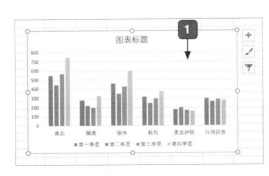

1. 打开表格，选中图表。

2. 选择【设计】选项卡。

3. 单击【图表布局】组中的【添加图表元素】按钮。

4. 在弹出的下拉菜单中选择【数据标签】选项。

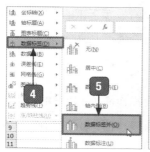

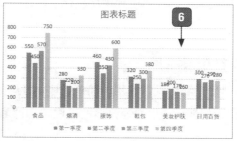

5 在级联菜单中选择【数据标签外】选项。

6 添加数据标签完成。

3.添加数据表

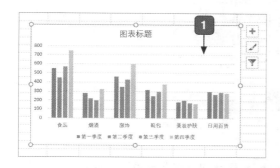

1 打开表格，选中图表。

2 选择【设计】选项卡。

3 单击【图表布局】组中的【添加图表元素】按钮。

4 在弹出的下拉菜单中选择【数据表】选项。

5 在级联菜单中选择【显示图例项标示】选项。

6 添加数据表完成。

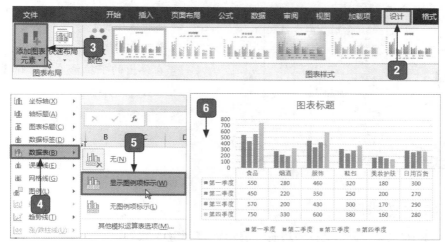

8.3 数据的排序

小白：我这有一份长长的销售额数据表，如何找出销售额最大的商品呢？

大神：这个其实很简单，只要用到排序就行了，你仔细看看接下来的内容就能学会了。

小白：嗯，嗯。

8.3.1 一键快速排序

一键快速排序是我们经常使用的简单排序，它具有操作简单、快速的特点，以下将以"超市日销售报表"为例演示一键快速排序的过程。打开"素材\ch08\超市日销售报表1.xlsx"文件。具体操作步骤如下。

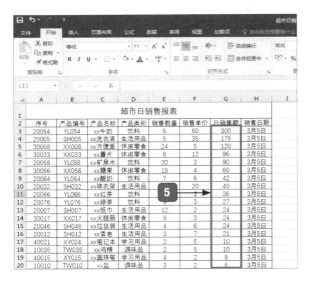

1 选中需要排序所在列的任意单元格。

2 选择【开始】选项卡。

3 单击【排序和筛选】按钮。

4 在弹出的下拉菜单中选择【降序】（或【升序】）选项。

5 设置降序（或升序）排列的效果。

8.3.2 自定义排序

Excel 2016 也具有自定义排序功能，可以按照客户所需设置自定义排序序列。下面将"超市日销售报表"按照产品类别排序。

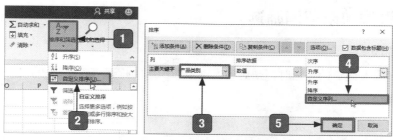

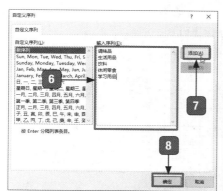

① 选中表格任意一个单元格后,单击【开始】选项卡下的【排序和筛选】按钮。

② 在弹出的下拉菜单中选择【自定义排序】选项。

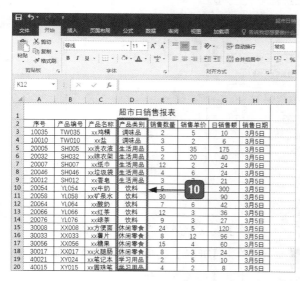

③ 在【排序】对话框中将【主要关键字】设置为【产品类别】。

④ 将【次序】设置为【自定义序列】。

⑤ 单击【确定】按钮。

⑥ 单击【输入序列】下的文本框,输入用户所需的排序序列,每项条目间用【Enter】键隔开。

⑦ 单击【添加】按钮。

⑧ 单击【确定】按钮。

⑨ 在【排序】对话框中单击【确定】按钮。

⑩ 将产品类别排序后的效果。

8.4 数据的筛选

　　如果手中有一份拥有几万条数据的表格,而我们只需要其中几条数据,该如何快速找到所需要的信息呢?我们在处理数据时,会经常用到数据筛选功能来查看一些特定的数据。本节我们将讲述几种常用的筛选功能:快速筛选、高级筛选和自定义。

8.4.1 一键添加或取消筛选

1. 一键添加筛选

当我们只需要简单的筛选时，则用到一键添加筛选，打开"素材 \ch08\ 超市日销售报表 1.xlsx"文件。

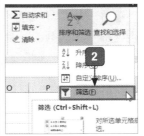

1 单击表格中的任意一个单元格。

2 单击【开始】选项卡下【排序和筛选】组中的【筛选】按钮。

3 单击【产品类别】的下拉按钮。

4 在弹出的下拉列表中选中【生活用品】（此处可多选）复选框。

5 单击【确定】按钮。

6 一键添加筛选结果。

2. 取消筛选

当筛选数据后，需要取消筛选时，则有以下两种常用方式。

方法1

单击【开始】选项卡下【排序和筛选】组中的【清除】按钮即可。

方法2

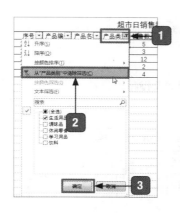

1. 单击【产品类别】的下拉按钮。

2. 在弹出的下拉列表中选择此选项。

3. 单击【确定】按钮。

8.4.2 数据的高级筛选

在一些特殊的情况下我们需要高级筛选功能，如在"超市日销售报表"中将产品类别为饮料的数据筛选出来，打开"素材\ch08\超市日销售报表1.xlsx"文件。

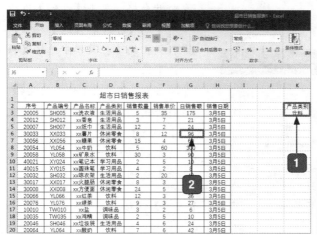

1. 在表格外的 K2 和 K3 单元格分别输入【产品类别】和【饮料】。

2. 单击表格内的任意一个单元格。

3. 单击【数据】选项卡中的【高级】按钮。

193

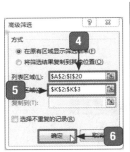

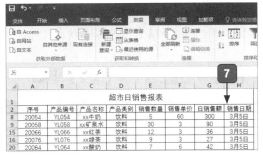

4 在【高级筛选】对
话框中选中表格中
的"$A$2:$I$20"
区域。

5 选中表格中的"$K$2:
$K$3"区域。

6 单击【确定】按钮。　　　　7 数据的高级筛选结果。

8.4.3 自定义筛选

自定义筛选是用户自定义的筛选条件，经常会用到，常用的有以下 3 种方式。

1. 模糊筛选

打开"素材\ch08\超市日销售报表 1.xlsx"文件。将超市日销售报表中产品编号为"SH007"
的记录筛选出来。

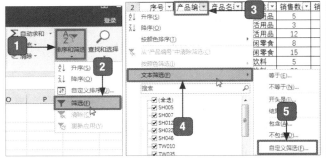

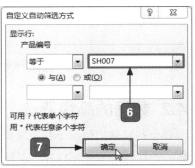

1 打开表格，单击【开始】选项
卡下的【排序和筛选】按钮。

2 在弹出的下拉菜单中选择【筛
选】选项。

3 单击【产品编号】的下拉按钮。

4 在弹出的下拉菜单中选择【文
本筛选】选项。

5 在级联菜单中选择【自定义筛
选】选项。

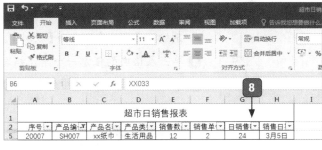

6 在【产品编号】区域中输入产品编号
【SH007】。

7 单击【确定】按钮。

8 模糊筛选结果。

2. 范围筛选

打开"素材\ch08\超市日销售报表1.xlsx"文件。将日销售额大于等于100的商品筛选出来。

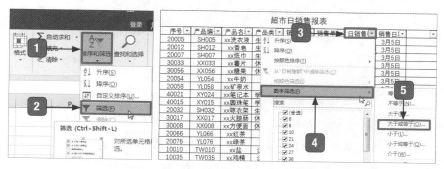

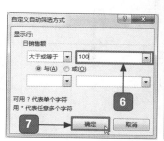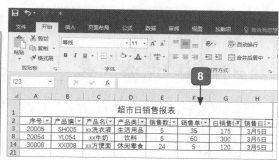

1️⃣ 打开表格，单击【开始】选项卡下的【排 选项。
序和筛选】按钮。

5️⃣ 在级联菜单中选择【大于或等于】选项。

2️⃣ 在弹出的下拉菜单中选择【筛选】选项。

6️⃣ 在【日销售额】区域中输入范围【100】。

3️⃣ 单击【日销售额】的下拉按钮。

7️⃣ 单击【确定】按钮。

4️⃣ 在弹出的下拉菜单中选择【数字筛选】

8️⃣ 范围筛选结果。

3. 通配符筛选

打开"素材\ch08\超市日销售报表1.xlsx"文件。将表格中的茶类饮料筛选出来。

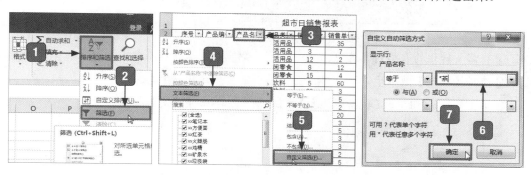

1. 打开表格，单击【开始】选项卡下的【排序和筛选】按钮。

2. 在弹出的快捷菜单中选择【筛选】选项。

> **提示**：输入对话框中的筛选条件文字要和表格中的文字保持一致。

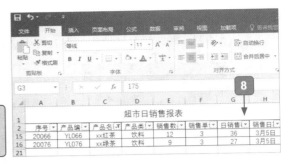

3. 单击【产品名称】的下拉按钮。

4. 在弹出的快捷菜单中选择【文本筛选】选项。

5. 在级联菜单中选择【自定义筛选】选项。

6. 在【产品名称】区域中输入【* 茶】。

7. 单击【确定】按钮。

8. 则名称中带有"茶"的产品全部筛选出来。

8.5 创建和编辑数据透视表

如何创建数据透视表，一定是数据透视表的核心所在，一起来学习吧。

8.5.1 创建数据透视表

看了那么多的条件和整理方法，是不是对创建数据透视表跃跃欲试了呢？下面我就来教你怎样创建数据透视表！

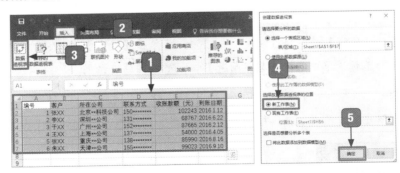

1. 将需要转化的表格内容选中。

2. 选择【插入】选项卡。

3. 单击【表格】组中的【数据透视表】按钮。

4. 在【选择放置数据透视表的位置】区域中选中【新工作表】单选按钮。

5. 单击【确定】按钮。

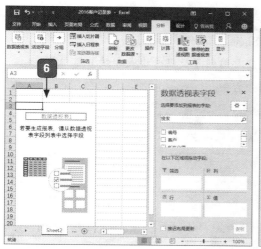
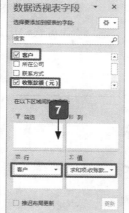

6 新建一个空白数据透视表。

7 在【数据透视表字段】窗口中，将【客户】字段拖曳到【行】区域中，将"收账款额"字段拖曳到【值】区域中。

8 这样就能创建一个数据透视表了。

8.5.2　更改数据透视表布局

小白： 我做的数据透视表看着咋那么别扭呢？

大神： 这好办啊，把数据的行、列位置换一下就可以啦，就是更改数据透视表的布局。

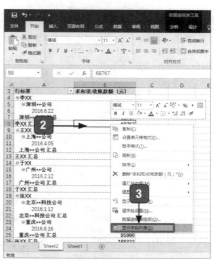

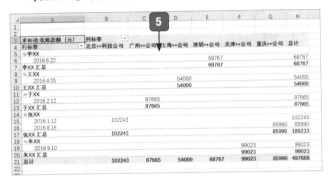

1 打开"2016 客户记录表"文件，在下方的工作表栏中单击"Sheet2"工作表标签。

2 此时我们还需要用到【数据透视表字段】窗口，在表格任意部分右击。

3 在弹出的快捷菜单中选择【显示字段列表】选项。

4 在【数据透视表字段】窗口中将【所在公司】字段拖曳到【列】区域中。

5 修改过的透视表的布局样式。

8.5.3 更改字段名称

有时候在做出来的数据透视表中有系统默认的字段名，我们可以根据数据需求对字段进行整理。

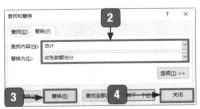

1 打开"2016 客户记录表"文件。

2 按【Ctrl+H】组合键打开【查找和替换】对话框，在【查找内容】文本框中输入【总计】在【替换为】文本框中输入【收账款额总计】。

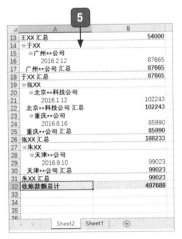

3 单击【替换】按钮。

4 单击【关闭】按钮。

5 查找替换更改字段名称后的效果。

8.5.4 更改数字的格式

小白：如果我想要表示数据的不同特点，如数值最高和最低，或者统一加货币符号，那么多的数据我该怎么办呢？

大神：我们可以统一更改数字的格式，下面我来一步步教你！

1 打开"2016客户记录表"文件，选中所需要修改的数据部分。

2 选择【开始】选项卡。

3 单击【单元格样式】按钮，在弹出的下拉列表中有很多样式可供选择。

4 选择【货币】数字格式。

5 更改数字格式后的效果。

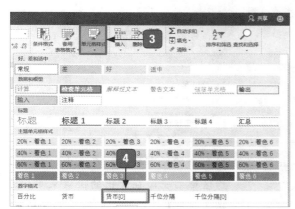

1 同样的，选中需要修改的数据，单击【数字】组中右下角的 按钮。

2 在【数字】选项卡中的【分类】列表框中选择【数值】选项。

3 在【负数】列表框中选择红色负数表示的数字。

4 单击【确定】按钮。

5 图中显示的红色负数数字效果。

8.5.5 刷新数据透视表

小白：大神，我这里有一些数据需要更改，但是我做的数据透视表中的数据不能同步啊，该

怎么办呢？

大神：这和平常我们刷新文件是一样的，很简单。

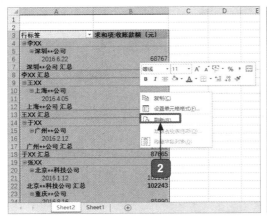

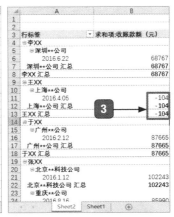

1. 打开"2016 客户记录表"文件，单击【Sheet1】工作表，将客户"王××"的收账款额改为"－104.00"。

2. 再单击【Sheet2】工作表，选中数据透

视表中的所有数据，在选中部分的任意区域右击，在弹出的快捷菜单中选择【刷新】选项，即可刷新数据。

3. 刷新数据的效果。

8.5.6 更改值的汇总依据

我们制作分类汇总的数据依据是系统默认的，但有时想"特立独行"一下，那么【值字段设置】便是你最好的工具。

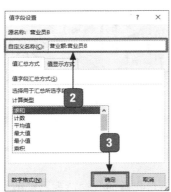

1. 打开"营业员各季度销售额"文件，打开【数据透视表字段】对话框，单击【值】复选框中的下拉按钮，在弹出的菜单中选择【值字段设置】选项。

② 在【值字段设置】对话框中选择自定 义名称,将【自定义名称】修改为【营 业额:营业员 B】。

③ 单击【确定】按钮。

④ 更改值的汇总依据后的效果。

8.6 实战案例——各产品销售额分析报表

这一章重点知识和细节都已经讲述清楚了,你学会了吗?如果你在超市工作,老板让你做一个产品销售额分析表,能不能很熟练地做出来呢?试试吧!

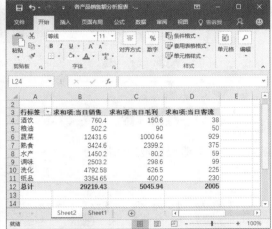

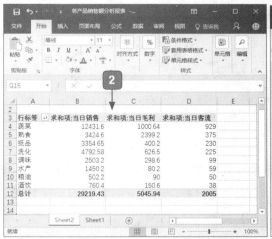

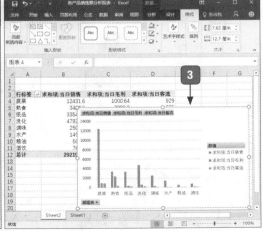

1 制作数据透视表。

2 对数据进行排序。

3 生成数据透视图。

4 利用切片器筛选数据。

痛点解析

痛点：将数据透视表转为图片

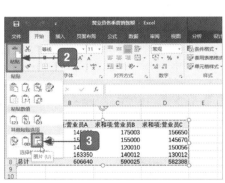

1 打开"营业员各季度销售额"文件，单击"数据透视表"工作表标签。

2 选中表格中所有内容，按【Ctrl+C】组合键复制数据透视表，单击【开始】→【剪贴板】→【粘贴】按钮。

3 在下拉菜单中选择【图片】选项。

4 即可粘贴为图片形式。

大神支招

问：需要和在外地的多个同事开个会议，一个个打电话，耗时又费力，怎样可
以节省时间？

使用 QQ 软件自带的讨论组的视频电话功能即可解决，视频会议相比传统会议来说，不
仅节省了出差费用，减免了旅途劳顿，在数据交流和保密性方面视频会议也有很大的提高，
只要有电脑和电话，就可以随时随地召开多人视频会议。

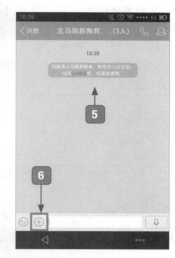

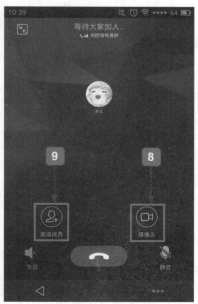

1 在 QQ 主界面点击【选项】按钮。

2 在弹出的下拉菜单中选择【创建讨论组】选项。

3 选择要创建讨论组的对象。

4 点击【创建】按钮。

5 完成讨论组的创建。

6 点击【添加】按钮。

7 点击【视频电话】按钮。

8 所有成员加入后，点击【摄像头】按钮，即可开始视频会议。

9 点击【邀请成员】按钮，可继续添加新成员。

第9章

公式与函数

>>> 在 Excel 中，你知道公式与函数的使用能带来多大好处吗？

>>> 求上千上万数据的平均值时，你还要一个一个加起来然后除以总数吗？

>>> 拿到一张上万名公司职员的信息，查找个别职工的信息，难道你要一个一个翻着找吗？

>>> 需要核实全体员工工资信息时，上百上千名员工难道你还要一条一条地比对吗？

本章就来领略一下函数与公式的魅力。

9.1 公式的基础知识

9.1.1 运算符及优先级

1. 运算符

运算符是用于对公式中的元素所做运算类型的指明。Excel 2016 中包含 4 种运算符：算术运算符、比较运算符、文本运算符及引用运算符。

（1）算术运算符。

什么是算术运算符呢？顾名思义，就是数学运算符，即我们小时候学的加减乘除等运算符号，有如下几种。

算术运算符	作用	示例
加号（+）	加法运算	1+1
减号（－）	减法运算（负号）	2－1　（－2）
星号（*）	乘法运算	2*3
正斜线（/）	除法运算	4/2
百分号（%）	百分比	30%
脱字符（^）	求幂	3^2（等于 3 乘以 3）

（2）比较运算符。

比较运算符用来比较数值的大小，其结果返回一个逻辑值，TRUE 或 FALSE。比较时用下面表中的运算符。

比较运算符	作用	示例 / 结果
等于（=）	逻辑比较等于	4=3/FALSE
大于（>）	逻辑比较大于	5>2/TRUE
小于（<）	逻辑比较小于	3<5/TRUE
大于或等于（>=）	逻辑比较大于等于	8>=9/FALSE
小于或等于（<=）	逻辑比较小于等于	6<=6/TRUE
不等于（<>）	逻辑比较不等于	2<>3/TRUE

（3）文本运算符。

文本运算符又称文本连接符，顾名思义，就是用来连接文本的符号，可以连接两个及多个文本，从而形成一串新的文本字符串。

文本运算符	作用	示例
和号（&）	连接文本	"Micro" & "soft" & "Visual" =Microsoft Visual

（4）引用运算符。

引用运算符需要与单元格引用一起使用。那到底什么是引用运算符呢？这个就有点难解了，不过通过下表的示例展示，相信你会一目了然的。引用运算符包括范围运算符、联合运算符、交叉运算符，如下表所示。

引用运算符	作用	示例
冒号（:） 范围运算符	单元格所有区域的引用	=SUM（A1:C4）
逗号（,） 联合运算符	将多个单元格引用或范围引用合并为一个引用	=SUM（A2,A4,C2,C4）
单个空格（ ） 交叉运算符	两个单元格区域相交的部分	=SUM（A2:B4 A4:D6） 相当于 =SUM（A4:B4）

2. 运算符的优先级

4 种运算符的优先级是：引用运算符、算术运算符、文本运算符、比较运算符。

运算符优先级细分如下表所示（在同一行的属于同级运算符）。

符号	运算符
−	负号
:（冒号）	引用运算符
（空格）	引用运算符
,（逗号）	引用运算符
%	百分号
^	求幂
*、/	乘号和除号
+、−	加号和减号
&	文本连接符
=、<、>、<=、>=、<>	比较运算符

9.1.2 输入和编辑公式

1. 输入公式

在单元格中输入公式有手动输入和自动输入两种。下面进行详细的介绍。

（1）手动输入。

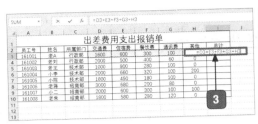

① 选中单元格 I3，并在其中输入公式"=D3"。

② 此时，单元格 D3 被引用。

③ 接着输入"+"，选择 E3 单元格，然

后依次输入"+F3+G3+H3"，此时，E3、F3、G3 和 H3 单元格也被引用。

④ 按【Enter】键即可完成输入。

（2）自动输入。

自动输入比手动输入快，而且也不容易出错。具体操作步骤如下。

① 选中 I3 单元格。

② 单击 Excel 页面右上角的【自动求和】按钮。

③ 按【Enter】键。

④ 完成自动输入。

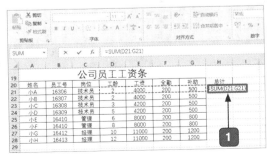

2.编辑公式

在运用公式进行运算时，如果发现公式有错误，不用担心，还可以对其进行编辑。下面就用图解详细介绍一下。

1 比如求和公式，我们需要计算的是 E21+F21+G21，所以需要对其进行编辑。

2 将公式"=SUM(D21:G21)"改成"=SUM(E21:G21)"。

9.2 公式的使用技巧

你还在为求和时需要一行一行地输入公式进行计算而发愁吗？你还在为工作簿需要保密传送而苦恼吗？公式的使用技巧来了，让你不再发愁、不再苦恼，快跟我来瞧瞧吧。

9.2.1 公式中不要直接使用数值

在引用单元格区域时不要直接使用数值，如果在公式中使用数值，那么计算某列的结果时必须一个一个输入公式，这样就大大增加了工作量。如果直接使用公式，只需要在单元格中输入公式，下面的结果再进行一步复制就可以完成了。

9.2.2 精确复制公式

1. 普通复制公式

普通复制公式就是将一个单元格的公式复制到另外的单元格中，接下来介绍具体的操作步骤。

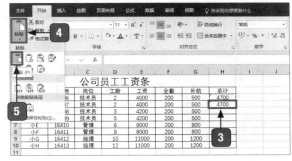

⒈ 选中 H3 单元格。

⒉ 单击【剪贴板】组中的【复制】按钮，选中的 H3 单元格边框显示闪烁的虚线。

⒊ 选中 H4 单元格。

⒋ 单击【开始】选项卡【剪贴板】组中的【粘贴】下拉按钮。

⒌ 在弹出的列表中选择【粘贴】选项。

⒍ H3 单元格仍然处于被复制状态，所以下面的单元格直接粘贴就可以了。

2. 使用"快速填充"复制公式

使用"快速填充"的方法复制公式会大大减少工作量。接下来就介绍一下具体的操作步骤。

⒈ 选中 H3 单元格。

⒉ 将鼠标指针移动到 H3 单元格的右下角，此时指针变成 ✛ 形状。

⒊ 拖动鼠标至单元格 H10，即可完成公式的复制。

9.2.3 将公式计算结果转换为数值

小白：大神，如果我想要把工作簿传送给老板，但是为了保密，不希望别人看到我的公式结构，那该怎么办呢？

大神：直接选择性粘贴，将公式结果转化为固定数值就可以了。下面就给你演示一遍。

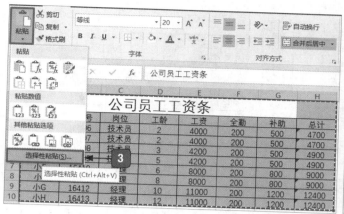

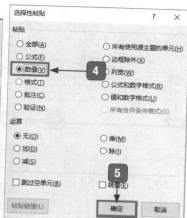

① 按住鼠标左键拖动选中整个
工作表。

② 单击【开始】选项卡中的【复
制】按钮，此时被选中区域
边框显示闪烁的虚线。

③ 单击【开始】选项卡中的【粘贴】按钮，
在弹出的下拉列表中选择【选择性粘
贴】选项。

④ 在【选择性粘贴】对话框中选中【数值】
单选按钮。

⑤ 单击【确定】按钮。

⑥ 选中之前有公式的一列中任意的单元
格，编辑栏中显示的将不再是公式，
而是数值。

9.3 数据的统计

统计数据时，如果数据量很大时你还要一个一个地数吗？这时候就需要用
到统计函数了，使用统计函数可以大大地缩短工作时间，从而提高工作效率。这一小节就以
COUNT、COUNTA、COUNTIF 函数为例说明数据统计的用法。

9.3.1 使用 COUNT 函数统计个数

COUNT 函数用来统计包含数字，以及包含参数列表中的数字单元格的个数。下面就具
体介绍一下如何使用 COUNT 函数。

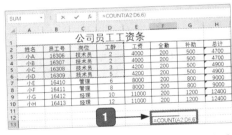

蓝色区域就是公式括号内包含的单元格区域

1 任意选中一个单元格。

2 在单元格中输入公式"=COUNT(A2:D6)"。

3 按【Enter】键，单元格中就会显示"8"，代表包含的单元格区域含有8个数值。

提示： 如果你输入的公式参数中有数值，COUNT 函数也会统计到。

1 在单元格中输入公式"=COUNT(A2:D6,6)"。

2 按【Enter】键，单元格中就会显示"9"。此时，参数"6"也被统计到个数中了。

9.3.2 使用 COUNTA 函数动态统计个数

COUNTA 函数与 COUNT 函数的区别是，COUNTA 函数是用来统计单元格区域中非空白单元格的个数的。

	A	B	C	D	E	F	G	H
1			公司员工工资条					
2	姓名	员工号	岗位	工龄	工资	全勤	补助	总计
3	小A	16306	技术员	2	4000	200	500	
4	小B	16307	技术员	2	4000	200	500	4700
5	小C	16308	技术员	3	4200	200	500	4700
6	小D	16309	技术员	5	4200	200	500	4900
7	小E	16410	管理	6	8000	200	800	4900
8	小F	16411	管理	8	8000		800	9000
9	小G	16412	经理	10	11000		1200	9000
10	小H	16413	经理	12	11000	200	1200	12400
11								12400
12								
13						21		
14								

1 选中任意一个空白单元格。

2 在选中的单元格中输入"=COUNTA (A2:D6,6)"。

3 按【Enter】键，单元格中就会显示"21"。此时，数值"6"也被函数统计到，所以结果是"21"。

9.3.3 使用 COUNTIF 函数进行条件计数

COUNTIF 函数是用来统计单元格区域中满足给定条件的单元格个数。表达式为 =COUNTIF(range,criteria); 其中 range 是需要计算的单元格区域，criteria 是确定哪些单元格将是被计算在内的单元格。

	A	B	C	D	E	F	G	H
1			公司员工工资条					
2	姓名	员工号	岗位	工龄	工资	全勤	补助	总计
3	小A	16306	技术员	2	4000	200	500	4700
4	小B	16307	技术员	2	4000	200	500	4700
5	小C	16308	技术员	3	4200	200	500	4900
6	小D	16309	技术员	5	4200	200	500	4900
7	小E	16410	管理	6	8000	200	800	9000
8	小F	16411	管理	8	8000	200	800	9000
9	小G	16412	经理	10	11000	200	1200	12400
10	小H	16413	经理	12	11000		1200	12400
11								
12								
13								

统计【总计】中大于 4000 小于 10 000 的人数。

SUM					fx	=COUNTIF(H2:H10,">4000")-COUNTIF(H2:H10,">10000")			
	A	B	C	D	E	F	G	H	I	J
1			公司员工工资条							
2	姓名	员工号	岗位	工龄	工资	全勤	补助	总计		
3	小A	16306	技术员	2	4000	200	500	4700		
4	小B	16307	技术员	2	4000	200	500	4700		
5	小C	16308	技术员	3	4200	200	500	4900		
6	小D	16309	技术员	5	4200	200	500	4900		
7	小E	16410	管理	6	8000	200	800	9000		
8	小F	16411	管理	8	8000	200	800	9000		
9	小G	16412	经理	10	11000	200	1200	12400		
10	小H	16413	经理	12	11000	200	1200	12400		
11										
12										
13						=COUNTIF(H2:H10,">4000")-COUNTIF(H2:H10,">10000")				

213

公式的作用：用【总计】大于 4000 的人数减去大于 10 000 的人数。

1. 选中任意一个空白单元格。

2. 在选中的单元格中输入"=COUNTIF(H2: H10,">4000") -COUNTIF(H2:H10, ">10000")"。

3. 按【Enter】键,单元格就会显示"6"。

COUNTIF 函数中条件不仅可以使用运算符,还可以使用通配符(常用的有"*"和"?")。

9.4 修改错误值为任意想要的结果

你想快速判断产品是否合格吗?你想快速而准确地查找大量数据,从而得到自己想要的结果吗?这一节就来介绍一下如何通过判断数据和修改公式来查找到任意想要的结果。

9.4.1 使用 IF 函数进行判断

IF 函数主要是为了对引用的单元格进行判断,判断是否满足条件。其表达式为:

IF(条件 , 结果 1, 结果 2)

其中,结果 1 是判断条件为真时返回的结果,结果 2 是判断条件为假时返回的结果。其具体的操作步骤如下。

公式的作用:判断单元格 H3 中的数值是否大于 5000,如果大于 5000,奖金一栏 I3 单元格为 2000,否则 I3 单元格为 1000。

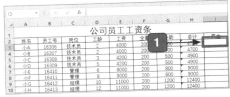

1. 选中 I3 单元格。

2. 在单元格中输入"=IF(H3>5000,2000,1000)"。

3. 按【Enter】键。

④ 将鼠标指针移动到 I3 单元格的右下角，此时指针变成+形状，然后拖动鼠标至 I10 单元格。

9.4.2 使用 AND、OR 函数帮助 IF 函数实现多条件改写

其实就是关于 AND、OR 和 IF 函数的嵌套使用来实现多条件改写。其操作步骤如下。

① 选中 J3 单元格。

② 在单元格中输入 "=IF(AND(G3>=500,G3<800)," 合 格 "," 不合格 ")"。

公式的作用：如果单元格 G3 中的数值大于等于 500 且小于 800，则为"合格"，否则为"不合格"。

③ 按【Enter】键即可。

④ 将鼠标指针移动到 J3 单元格的右下角，此时指针变成+形状，然后拖动鼠标至 J10 单元格。

> **提示**：OR 的用法和 AND 的用法是一样的，只是表示的不一样，AND 表示"且"，即条件全部同时满足，而 OR 表示"或"，即至少一个条件满足。

215

9.4.3 使用 VLOOKUP 函数进行查找

进行数据查找时，使用 VLOOKUP 函数就不需要一个一个查找了，只需要选中单元格输入函数公式就可以了，迅速又准确，尤其是需要在大量数据中查找时更能体现它的魅力。接下来就具体介绍一下 VLOOKUP 函数的普通查找。

1. 假设需要查找这些数据。

2. 选中单元格 K3。

3. 单击【公式】选项卡中的【查找与引用】

按钮。

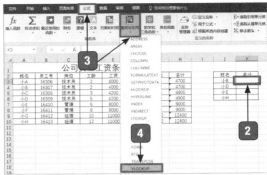

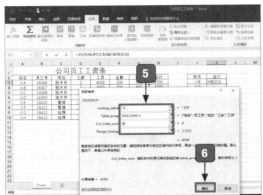

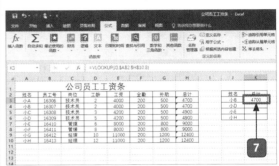

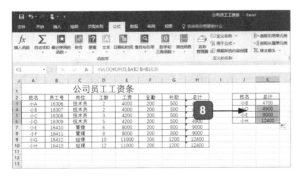

4. 在弹出的下拉菜单中选择【VLOOKUP】

选项。

5. 在弹出的文本框里依次输入数据，

或者直接在 K3 单元格中输入公式

"=VLOOKUP(J3,$A$2:$H$10,8)"。

6. 单击【确定】按钮。

7. 即可查到小 B 的总计。

8. 移动鼠标指针至 K3 单元格右下角，当指针变为+形状时，按住鼠标拖动至 K6 单元格。

9.5 海量数据查找：VLOOKUP 函数

查找数据时，如果没有 VLOOKUP 函数，我们还得一个一个查找，非常耗时间，尤其是需要海量查找数据时，一个一个查找需要花上大半天时间，现在有了 VLOOKUP 函数，就大大地提高了工作效率。

9.5.1 使用 VLOOKUP 函数进行批量顺序查找

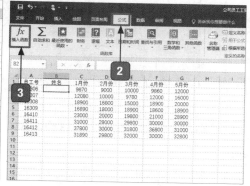

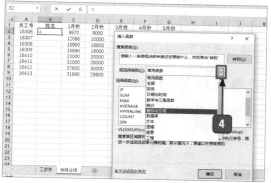

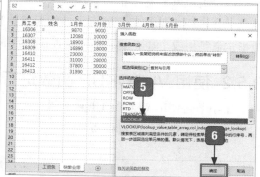

1 单击【销售业绩】工作表标签。

2 选择【公式】选项卡。

3 单击【插入函数】按钮。

4 在【插入函数】对话框中单击【或选择

类别】后面的下拉按钮，在弹出的下拉
列表框中选择【查找与引用】选项。

5 滚动鼠标找到【VLOOKUP】函数并选中。

6 单击【确定】按钮。

7 在【Lookup_value】文本框中输入【A2】；
在【Table_array】文本框中输入【工资条！
A1:B9】；在【Col_index_num】文本框
中输入【2】。

217

员工号	姓名	1月份	2月份	3月份	4月份	5月份
16306	小A	9870		10000	9860	12000
16307		12080		9780	12000	16000
16308		18900	16800	15000	18900	20000
16309		16890	18000	18900	18600	18900
16410		23000	20000	19800	21000	28900
16411		31000	28000	29800	30000	30000
16412		37800	30000	31800	36800	31000
16413		31890	29800	32000	30000	32800

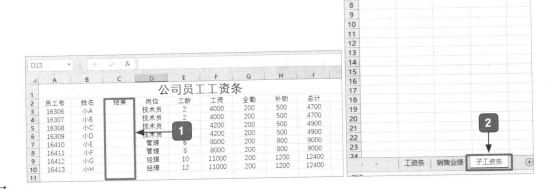

	A	B	C	D	E	F	G
1	员工号	姓名	1月份	2月份	3月份	4月份	5月份
2	16306	小A	9870	9000	10000	9860	12000
3	16307	小B	12080	10000	9780	12000	16000
4	16308	小C	18900	16800	15000	18900	20000
5	16309	小D	16890	18000	18900	18600	18900
6	16410	小E	23000	20000	19800	21000	28900
7	16411	小F	31000	28000	29800	30000	30000
8	16412	小G	37800	30000	31800	36800	31000
9	16413	小H	31890	29800	32000	30000	32800
10							
11							

8 单击【确定】按钮。

9 批量顺序查找效果。

10 完成自动填充。

VLOOKUP 函数表达式为 VLOOKUP(Lookup_value,Table_array,Col_index_num,Range_lookup)。

其中，Vlookup_value 是查找目标；Table_array 是查找范围；Col_index_num 是返回值的列数；Range_lookup 是精确查找或模糊查找。1 代表模糊查找，0 代表精确查找。精确即是完全一样，模糊就是包含的意思；如果参数指定值是 0 或 FALSE 就表示精确查找，如果参数指定值是 1 或 TRUE 就表示模糊查找（如果不小心把这个参数漏掉了，默认为模糊查找）。

9.5.2 使用 VLOOKUP 函数进行批量无序查找

本小节是使用 VLOOKUP 函数进行批量无序查找，其实操作起来跟顺序查找是一样的，下面就来具体介绍一下操作步骤。

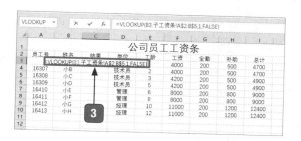

1 为了方便显示查找结果，在【姓名】后面插入一个空白列。

2 假设【子工资条】工作表中是我们需要查找的内容。

3 选中 C3 单元格，输入公式"=VLOOKUP(B3, 子工资条 !A\$2:B\$5,1,FALSE)"，然后按【Enter】键。

公式中"B3"为查找的目标，就是小 A；"子工资条！A\$2：B\$5"为需要查找的范围，即查找子工资条 A2：B5 单元格区域中的内容；"1"为返回值的列数，就是给定查找范围中的列数，本例中我们需要返回的是"姓名"，它是子工资条中的第一列；"FALSE"为精确查找。

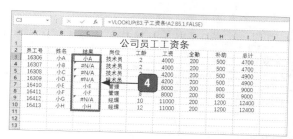

4 移动鼠标指针至 C3 单元格右下角，当指针变为＋形状时，拖动鼠标至 C10 单元格即可完成自动填充。

9.6 实战案例——制作公司员工工资条

每个公司在发工资之前都会先发工资条，那制作工资条的任务就很重大了，你想快速地制作出所有员工的工资条吗？你想制作的员工工资条既美观又准确吗？那就跟着我来看看接下来详细的步骤吧。

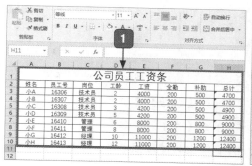

1. 新建一个空白工作簿，录入需要的数据，或者是把之前做好的数据复制到这里。

2. 将鼠标指针移动到【Sheet1】标签处并右击。

3. 在弹出的快捷菜单中选择【重命名】选项。

4. 输入文本【公司员工工资条】。

5. 按【Enter】键即可完成重命名。

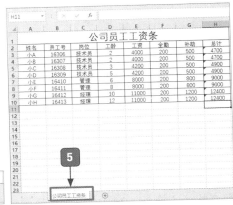

6. 在后面的空白格一列中，从该列第三行开始，依次填入1、2，然后自动填充整列。如同序号一般，我们作为辅助列。

7. 将刚刚的序号列复制到此列下面。

8. 选择【数据】选项卡。

9. 单击【升序】按钮。

10. 在弹出的对话框中单击【排序】按钮。

11. 辅助阵列就变成了112233…，各行之间就会多出一行空白格。

此时辅助列就没有了利用价值，为了表格的美观，就可以把它删除了。

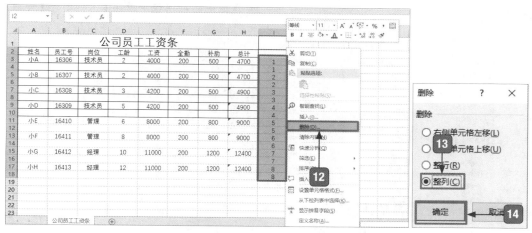

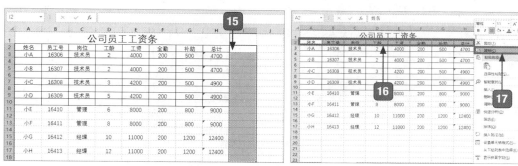

12 选中该列并右击，在弹出的列表中选
择【删除】选项。

13 在弹出的对话框中选中【整列】单选
按钮。

14 单击【确定】按钮。

15 删除辅助列之后的效果。

16 选中第二行单元格区域。

17 右击，在弹出的快捷菜单中选择【复制】 18 选中工作表区域，然后按【Ctrl+G】组合键。
选项。 19 在弹出的对话框中单击【定位条件】按钮。

20 在【定位条件】对话框中选中【空值】 意一个蓝色单元格并右击。
单选按钮。 23 在弹出的列表中单击【粘贴选项】中
21 单击【确定】按钮。 的【粘贴】图标。
22 空白行就会变成蓝色的，然后选中任 24 制作员工工资条效果。

加以美化之后既美观又准确的工资条就成功"出炉"啦！

痛点解析

小白： 大神啊，我好崩溃，看了你前面的图解，跟着操作感觉也没什么难的，跟着就学会了，可是 VLOOKUP 函数公式输入进去之后，为什么有时候总是显示不了预想的结果呢？你快救救我吧。

大神： 哈哈，别着急，小白，VLOOKUP 函数的使用有几个易错的地方，我来给你解决。对了，每个公式的解释一定要仔细地看一下。

痛点 1：VLOOKUP 函数第 4 个参数少了或设置错误

实例：查找姓名时出现错误。

错误原因：VLOOKUP 函数的第 4 个参数为 0 时代表精确查找，为 1 时代表模糊查找。如果忘了设置第 4 个参数，则会被公式误认为是故意省略的，这时会进行模糊查找。当区域不符合模糊查找的规则时，公式就会返回错误值。

解决办法：第 4 个参数改为 0（注意，第 4 个参数是 0 的时候可以省略，但是 "," 一定得保留）。

痛点 2：VLOOKUP 函数因格式不同查不到

实例：查找格式为文本型数字，被查找区域为数值型数字。

	A	B	C	D	E	F	G	H	I	J
1			公司员工工资条							
2	姓名	员工号	岗位	工龄	工资	全勤	补助		总计	所在范围
3	小A	16306	技术员	2	4000	200	500		4700	4000-5000
4	小B	16307	技术员	2	4000	200	500		4700	4000-5000
5	小C	16308	技术员	3	4200	200	500		4900	4000-5000
6	小D	16309	技术员	5	4200	200	500		4900	4000-5000
7	小E	16410	管理	6	8000	200	500		9000	9000-10000
8	小F	16411	管理	8	8000	200	500		9000	9000-10000
9	小G	16412								12000-14000
10	小H	16413								12000-14000

这种的代表是文本型数字

错误原因：在 VLOOKUP 函数查找过程中，文本型数字和数值型数字被认为是不同的字符，所以造成查找错误。错误公式为 "=VLOOKUP(B14,A2:C10,1,0)"。

解决办法：将文本型数字转换为数值型即把公式改为 "=VLOOKUP(B14*1,A2:C10,1,0)"。

痛点 3：VLOOKUP 函数查找内容时遇到空格

实例：单元格中含有多余的空格，会导致查找错误。

错误原因：有多余空格，用不带空格的字符查找肯定会出错的。

解决办法：手工替换掉空格就可以了。在公式中使用 TRIM 函数就可以，比如原本公式为 "=VLOOKUP(A9,A1:C10,2,0)"；那就应该改为 "=VLOOKUP(A9,TRIM(A1:C10),2,0)"。

只要认真按照步骤操作，易错点也不是那么容易错的。

大神支招

问：函数出错了怎么办？

Excel 中经常会使用到复杂公式，在使用复杂公式计算数据时如果公式出错或者对计算结果产生怀疑，可以分步查询公式，来查找错误位置。

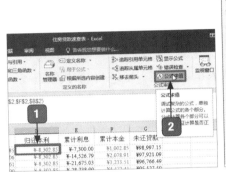

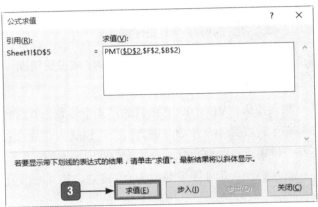

1 选择要分步计算的公式。

3 单击【求值】按钮，查看第一步。

2 单击【公式】选项卡下【公式审核】选项组中的【公式求值】按钮。

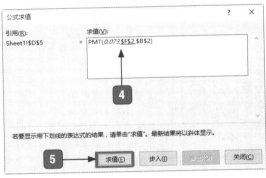

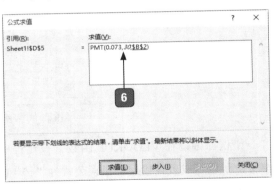

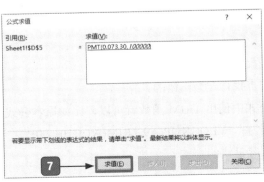

4 查看第 1 步计算结果。

5 再次单击【求值】按钮。

6 查看第 2 步计算结果。

7 重复单击【求值】按钮，即可计算出最终结果，如果公式有误，可以查找到错误出现的位置。计算完成，单击【关闭】按钮。

>>> 如何创建演示文稿副本？

>>> 幻灯片的基本操作有哪些快捷方法？

>>> 使用 PowerPoint 的辅助工具提高演示文稿质量的方法，你知道吗？

>>> 怎样在 PPT 中添加动画？

这一章将带领你快速掌握 PPT 的基本操作及美化！

10.1 幻灯片的基本操作

这一章讲解幻灯片的基本操作,包括新建幻灯片、移动幻灯片、复制幻灯片、删除幻灯片和播放幻灯片。

10.1.1 新建幻灯片

新建幻灯片是制作演示文稿的第一步。

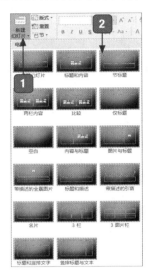

方法1

单击【新建幻灯片】按钮,可以直接新建幻灯片。

方法2

1. 单击【新建幻灯片】的下拉按钮。
2. 在弹出的下拉列表中选择幻灯片版式,即可新建幻灯片。

10.1.2 移动幻灯片

当你在制作演示文稿时,发现一些幻灯片的排列错误或不符合逻辑,就需要对这张幻灯片的位置进行调整,此时使用下面的方法来移动幻灯片。

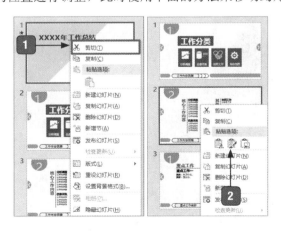

1. 在【幻灯片】窗格选择幻灯片并右击,在弹出的快捷菜单中选择【剪切】命令。
2. 在要移动到的位置右击,在弹出的快捷菜单中选择【粘贴选项】下的【保留源格式】选项,即可完成幻灯片的移动。

10.1.3 复制幻灯片

如果需要风格一致的演示文稿，可以通过复制幻灯片的方式来创建一张相同的幻灯片，然后在其中将错误的内容修改为正确的内容即可。

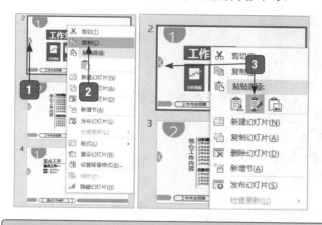

1 在要复制的幻灯片上右击。

2 在弹出的快捷菜单中选择【复制】命令。

3 在要粘贴到的位置右击，在弹出的快捷菜单中选择【粘贴选项】下的【保留源格式】选项，即可完成复制操作。

> **提示：** 按【Ctrl+C】组合键，可以快速复制幻灯片；按【Ctrl+X】组合键，可剪切幻灯片页面；在要粘贴到的位置按【Ctrl+V】组合键，可粘贴幻灯片页面。

10.1.4 删除幻灯片

如果有多余或错误的幻灯片页面，可以将其删除，既可以通过【删除幻灯片】命令删除，也可以在【幻灯片】窗格中选择要删除的幻灯片，按【Delete】键删除即可。

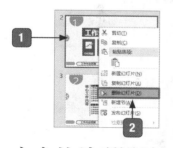

1 在要删除的幻灯片上右击。

2 在弹出的快捷菜单中选择【删除幻灯片】命令即可。

10.2 文字的外观设计

是否看腻了千篇一律的一种字体？是否想让你制作的 PPT 与众不同？在制作 PPT 的过程中，对字体的编辑是最常见的，搭配恰当的字体能让人看起来很舒服，同时也能够增加幻灯片的美感。

俗话说"人靠衣装，佛靠金装"，文字也是如此，漂亮的文字才能吸引他人的注意力，才能在众多 PPT 中脱颖而出！本节就来讲讲文字外观设计。

10.2.1 匹配适合的字号和间距

除了字体的搭配外，还有字体的字号和字体之间的间距。简单来说就是文字的排版问题。一般制作幻灯片既要简洁美观，又要看起来舒服。下面举例说明。

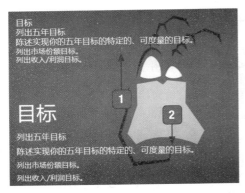

❶ 标题与正文字号相同，单倍行距。

❷ 标题字号比正文字号大，1.5倍行距。

很明显，下面的文字要优于上面，这就是小小的间距和字号的改变所引起的整篇文字效果的升华，更能突出所要展现的主题。

10.2.2 设置字体的放置方向

关于字体的放置方向，除了横排和竖排两种外，还有古文字和现代文字的排版。古文字有从右到左、从上到下的排版方式，那么选择什么样的放置方向，就看自己的选择了。总之就是要契合主题。

❶ 单击【开始】选项卡下【段落】组中的【文字方向】下拉按钮。

❷ 在弹出的下拉列表中选择需要的文字方向。

❸ 若这些设置还不能满足，则可以单击【其他选项】按钮，进行设置。

❹ 在【设置形状格式】窗格中，在【文字方向】下拉列表框中设置文字方向。

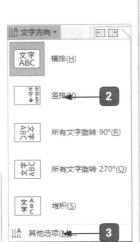

横排文本框与竖排文本框效果如下图所示。

10.2.3 文本的对齐很重要

文本的对齐很重要，没有规矩不成方圆，文本也是同样如此，对照整齐的文字能让人耳目一新，而且有时候通过文字的搭配就能看出一个人的性格及生活习惯，是一个人最直观的体现。

选中要编辑的文本框，单击【开始】选项卡下【段落】组中的各种对齐按钮或【文本对齐】下拉按钮，选择需要的对齐方式。

注意：【文本对齐】是对文本框整体的对齐，其他对齐按钮，如【左对齐】按钮是对文字的对齐。

例如，下面这个例子。

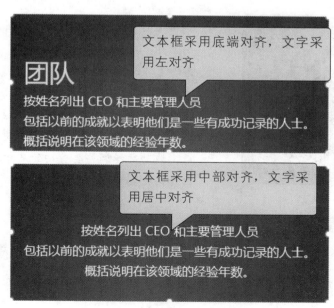

如上所述，左对齐时文字显得比较有条理，有层次，而居中对齐使文字整体看起来更加对称和舒适。

在进行 PPT 制作时，根据需要采用不同的对齐方式，便能取得完全不同的效果，使制作的 PPT 独具一格！

10.3 让你的幻灯片更加美观

在制作幻灯片时，有的人制作的幻灯片很美观，而有的人制作的幻灯片却不忍直视，其实想要制作美观的幻灯片是需要很多技巧的，如插入图片、表格、图形、图表等，会让你的幻灯片不止美化一点点哦。

10.3.1 效果是裁剪出来的

通常我们使用图片的时候都会选择尺寸正好的图片来使用，可保不齐就是会出现图片大小比例总是差那么一点的情况，这时候怎么办呢？一个字，剪。

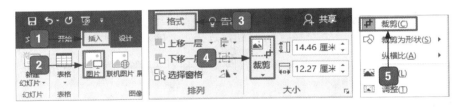

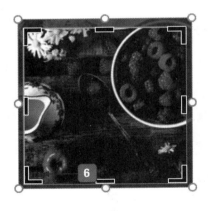

1 选择【插入】选项卡。

2 单击【图片】按钮，在出现的列表中选择插入的图片。

3 选择【格式】选项卡。

4 单击【大小】组中的【裁剪】按钮。

5 在弹出的下拉菜单在选择【裁剪】选项。

6 将鼠标指针移至边框待指针变成边框的形状以后，拖动鼠标调整要剪切的尺寸，单击任意空白处完成裁剪。

10.3.2 创建复杂的表格

不过有些复杂的表格就没办法直接创建了，那要怎么办呢？别急，既然不能用普通的方法，那就让我们直接手动绘制一个吧。

首先新建空白的幻灯片，然后就可以手动绘制表格。

1 选择【插入】选项卡。

2 单击【表格】按钮。

3 在弹出的下拉列表中选择【绘制表格】选项。

4 拖动鼠标在幻灯片上绘制出表格外边框。

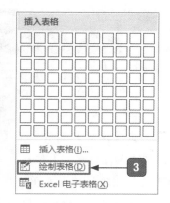

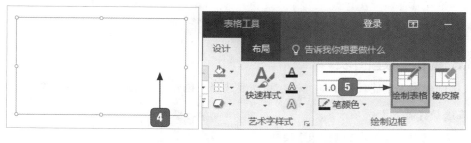

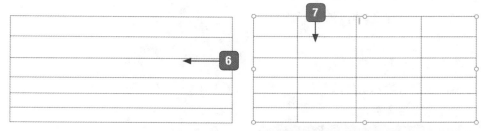

5 单击【设计】选项卡下【绘制边框】
　组中的【绘制表格】按钮。

6 水平拖曳鼠标，绘制表格行。

7 垂直拖曳鼠标，绘制表格列。

　　此时，表格就基本绘制完成，那么问题来了，要是想合并单元格怎么办？没关系，只要删除线条就可以了。还有拆分单元格或添加斜线表头呢？

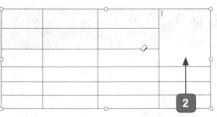

① 单击【设计】选项卡下【绘制边框】
　组中的【橡皮擦】按钮。

② 在要删除的线条上单击，即可完成单
　元格合并。

③ 单击【设计】选项卡下【绘制边框】

组中的【绘制表格】按钮。

④ 从左上向右下拖曳可绘制斜线表头。

⑤ 竖直拖曳，可将单元格拆分为两列。

⑥ 水平拖曳，可将单元格拆分为两行。

10.3.3 直接创建图表

直接创建图表是比较简单的方法，只需要选择要创建的图表类型，并输入数据即可。

① 选择【插入】选项卡。

② 单击【插图】组中的【图表】按钮。

③ 在【所有图表】对话框中选择要
　创建的图表类型。

④ 单击【确定】按钮。

⑤ 返回工作表输入或修改数据。

⑥ 即可完成图表创建。

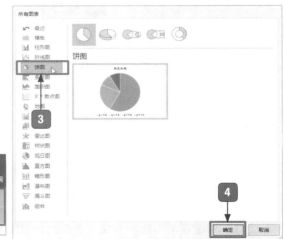

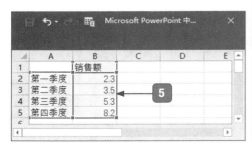

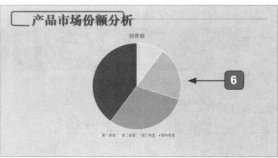

10.3.4 一条线绘制出任意图形

在图形绘制区有一个"神器"，那就是【多边形曲线】、【任意多边形】和【曲线】。它们都称任意多边形，有啥区别呢？看看就知道了。

（1）任意多边形曲线。

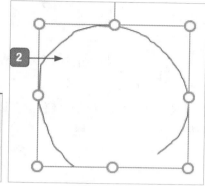

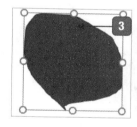

1 单击【开始】选项卡【绘图】组中的【多边形曲线】图标。

2 在幻灯片上按住鼠标左键不放，拖动鼠标进行绘制，松开鼠标即可完成绘制。

3 线条首尾相连后变成图形。

是不是很神奇，直接就可以用来画画了。

不过有个问题，任意多边形和曲线在绘制的时候中途不能松手，一松手就结束绘制了，而且绘制的线条也不直，画多边形的时候有点不方便。这时候就要用到【任意多边形】了。

（2）任意多边形形状。

多边形形状是多边形曲线的升级版，不仅可以像多边形曲线一样应用，还可以更有特色。

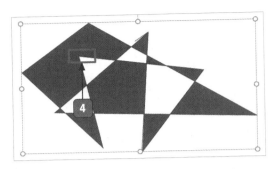

1 单击【开始】选项卡，在【绘图】组中找到并选中。

2 用鼠标单击 PPT 任意点设置起点。

3 再次单击，设置拐点。重复操作。

4 首尾相连完成绘制。

这样就可以绘制出具有个性的图形了。

（3）曲线。

最后是曲线，用法与【任意多边形】相似，不过绘制出的图形拐角是弧形的，如下图所示。

同样很有个性。

当然，这些线条也可以在【插入】选项卡的【形状】菜单里找到。

10.3.5 使用 SmartArt 图形绘制

如果逻辑图形技能没掌握！没关系，PowerPoint 为你准备了 SmartArt 图形绘制，动动鼠标就可以轻松完成。

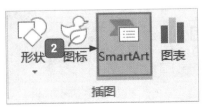

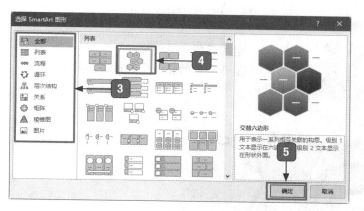

1 新建幻灯片，选择【插入】选项卡。

2 单击【SmartArt】按钮。

3 在弹出的对话框中选择图形类型。

4 单击图标选择图形样式。

5 单击【确定】按钮。

这样就能插入图形了。

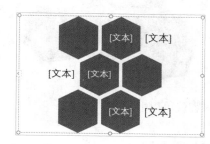

不过还没完，默认颜色会不会太丑，与主题不搭，而且图形的样子也不够个性。改！好吧，知道你自己就会对每个图形进行个性美化，不过我还是要装成大神的样子跟你讲讲怎么用 SmartArt 附带的美化方式！

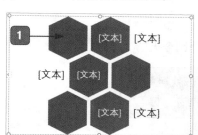

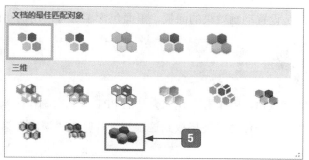

235

1 选中图形。

2 单击【SmartArt】组中的【更改颜色】
　按钮。

这样 SmartArt 图形就变样了。

3 在弹出的下拉列表中选择需要的颜色。

4 单击此下拉按钮。

5 在弹出的界面中选择需要的样式。

最后在【文本】处输入内容就可以啦。

10.4 PPT 动画可以这样用

动画到底要怎么用？下面就来看看吧。

10.4.1 元素是这样动起来的

那这些元素到底是怎么动起来的呢？说之前先给大家介绍今天的"主角"。

下图是设置动画效果的面板，里面包含了所有常用的动画效果的设置。

介绍完主角，就来看看我们会动的 PPT 是怎么制作出来的吧！

实现第一个任务：使播放到这张幻灯片时先"淡出"第一部分的主标题，此时第二部分并不显示。

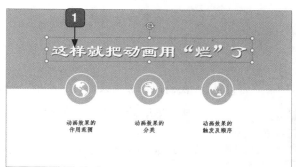

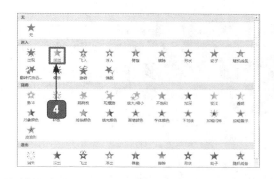

1 选中标题。

2 选择【动画】选项卡。

3 单击此下拉按钮。

4 在弹出的列表中选择需要的动画动作。

这样就给我们之前选中的区域添加了"淡出"的动画效果。

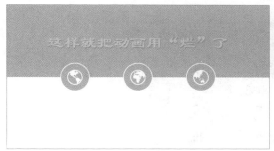

实现第二个任务：第二部分逐一"飞入"展示。

237

1 选中第二个要加动画的区域。

2 选择【动画】选项卡。

3 单击此下拉按钮。

4 根据我们的任务需求，此部分在"进入"目录下选择"飞入"的动画效果。

我们重复上面的步骤，依次给第二个子标题和第三个子标题添加"弹跳"和"旋转"动画效果。

设置好上面的动画效果之后，我们可以发现幻灯片上多出来"1""2""3""4"的标识，这些代表着其所指部分的动画效果次序。

只有一个动画效果好像不太酷，那就再添加个双层动画"刷刷存在感"。

1 选中标题。

2 选择【动画】选项卡。

3 单击【高级动画】组中的【添加动画】按钮。

4 在弹出的下拉列表中选择动画效果"跷跷板"。

这样就给我们的标题加上第二个动画效果了。

而且标题左上角也多个 5 的标识。

不过要注意，在同一个素材上使用两种或两种以上的动画效果时，一定要使用【高级动画】组下的【添加动画】按钮来添加动画。

不然使用我们提到的第一种设置动画方法不仅不会有多种动画的效果，还会替换原来的效果。

10.4.2 PPT 的酷炫出场

小白：大神，隔壁小灰刚刚放映幻灯片时，幻灯片切换的样子很酷，那是怎么做到的？

大神：幻灯片切换？这个简单啊。让我来演示给你看。

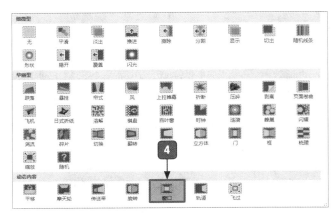

1 选择一张幻灯片。

2 选择【切换】选项卡。

3 单击此下拉按钮。

4 在弹出的下拉列表中选择需要的动画效果。

这样幻灯片的出场方式就变成了设置好的窗口打开的样子。

不想要垂直式的出场，而想要水平效果？没问题，PowerPoint 2016 满足你的这些要求。

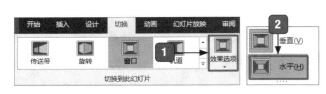

1 单击【切换到此幻灯片】组中的【效果选项】按钮。

2 在弹出的下拉列表中选择【水平】选项。

这样窗口就不再是垂直打开的，而变成水平打开啦，如下图所示。

10.4.3 动画的出场时间

为啥别人的动画有时候一个连一个地动,有时候又让它动才动?原来是在这里动了手脚。

1 选中设置了动画的素材。

2 选择【动画】选项卡。

3 单击【开始】后的下拉按钮。

4 选择动画出场的情况,如【单击时】。

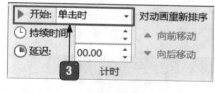

这样就可以设置动画是自己动还是让它动才动。

当然这只是基础的出场方式,想要更酷炫一点,那就要给动画添加"触发器",让动画在单击特定地点的时候再出场了。

先给要设置动画的素材加上动画效果,进入【动画】选项卡。

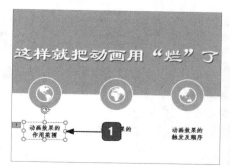

1 选中要加"触发器"的动画素材。

2 单击【高级动画】组中的【触发】按钮。

3 选择【单击】选项。

4 选择触发地点。

这时候你会发现素材上代表动画的数字变成了闪电的图标，这就说明设置成功了。

10.5 实战案例——设计企业年度工作总结PPT

一个人的成长少不了总结，从总结中收获喜悦、总结经验，从而能够提供源源不断的动力。同时，总结还能发现前段时间工作学习中的不足，给自己以警示，避免在未来的工作学习中再次出现类似的错误。同样的道理，一个企业也需要做这样的工作总结，使企业不断进步。这一节以一个实际的例子，把前面学的知识应用到实际，设计制作一个企业年度工作总结PPT。

1. 设置主题

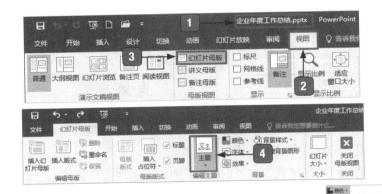

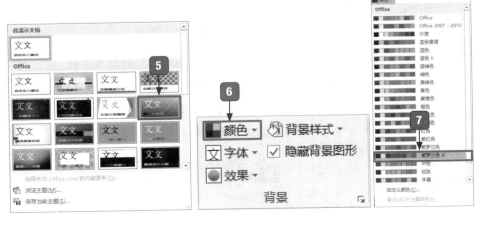

1 新建"企业年度工作总结.pptx"演示文稿。

2 选择【视图】选项卡。

3 单击【母版视图】组中的【幻灯片母版】按钮。

4 在【幻灯片母版】选项卡中单击【主题】按钮。

5 在弹出的下拉列表中选择此主题。

6 单击【背景】组中的【颜色】按钮。

7 在弹出的下拉列表中选择此主题颜色。

2. 设置艺术字标题

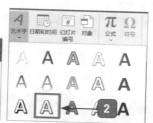

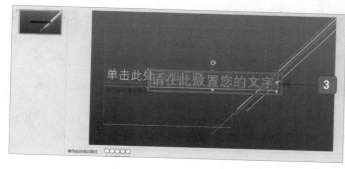

1 选择【插入】选项卡,单击【文本】组中的【艺术字】按钮。

2 在弹出的下拉列表中选择此款艺术字。

3 在此处输入你需要的文字。

3. 插入图片

1 单击【图片】按钮,插入目标图片。

2 把图片放在此处。

4. 插入日期和时间

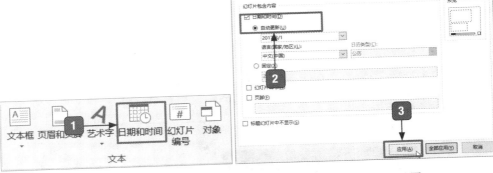

注意：因为只在该页显示日期和时间，所以要单击【应用】来保存设置。

1. 单击【日期和时间】按钮。
2. 选中【日期和时间】复选框，并选中【自动更新】单选按钮。
3. 单击【应用】按钮保存。
4. 日期和时间在这里插入。

5. 制作目录页

1. 单击【新建幻灯片】按钮，新建一个幻灯片。
2. 单击【插图】组中的【形状】按钮。
3. 在弹出的列表中选择该线条。
4. 在【基本形状】区域中选择该形状。

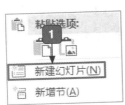

⑤ 绘制该图形。

⑥ 选中图形，把鼠标指针放在图形上，当指针变成┿形状后，按住【Ctrl】键，拖曳复制另外两个图形。

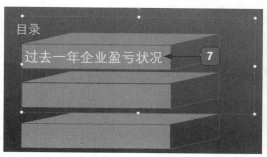

⑦ 单击图形编辑文字。

⑧ 制作目录页效果。

6. 制作正文页面

① 单击【插入】选项卡中的【表格】按钮。

② 在弹出的下拉列表中单击【插入表格】按钮。

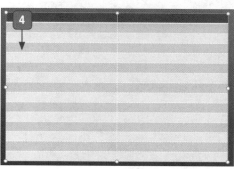

③ 在【插入表格】对话框中输入列数与行数之后，单击【确定】按钮生成表格。

④ 完成表格插入。

⑤ 把"财务报表数据"导入表格。

245

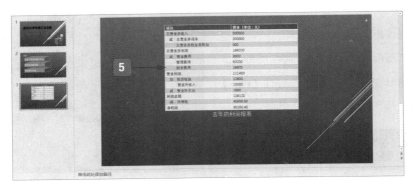

6 在幻灯片中拖曳出动作按钮。

7 在【操作设置】对话框中设置参数。

8 单击【确定】按钮保存。

9 制作正文页面完成之后的效果。

7. 制作结束页

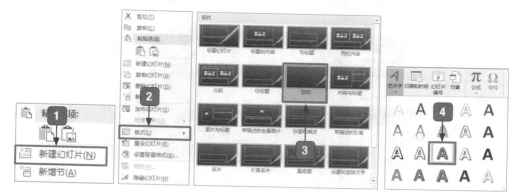

1️⃣ 单击【新建幻灯片】按钮。

2️⃣ 右击新建的幻灯片，在弹出的快捷菜单中选择【版式】选项。

3️⃣ 在级联菜单中选择【空白】版式。

4️⃣ 插入艺术字体，插入 4 次。依次输入文字"谢""谢""观""赏"。

8. 设置动画效果

1️⃣ 切换至【动画】选项卡。

2️⃣ 单击【高级动画】组中的【动画窗格】按钮。

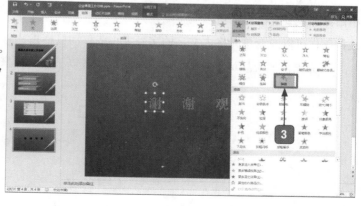

247

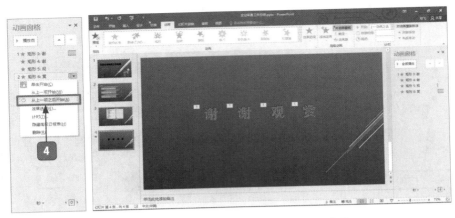

3 给每个字都添加"进入"动画效果，这里选择"弹跳"动画。

4 在【动画窗格】界面中依次选中后 3 个效果，在下拉列表框中选择【从上一项之后开始】选项。

痛点解析

痛点 1：为什么 PPT 表格行距不能调整

小白：哎呀，我折腾了半天，表格的行距还是不能调整，难道 PPT 表格行距不能调整吗？可是我插入的另一个表格就可以调整行距啊。

大神：淡定！PPT 表格的行距是可以调整的，你调不了，是文字的字号问题。

小白：可是我的是空白的表格，还没输入文字呢！

大神：噢，是默认字号的问题！虽然还没输入文字，但你把光标点进去能看到光标的高度，右击，可以看到字号的大小。

小白：那我要怎么做才可以调整呢？

大神：你可以改变单元格内文字的字号大小或移动鼠标指针。

我们先来说说默认字号的问题这种情况吧，以下图为例来说明。

	第1季度	第2季度	第3季度	第4季度
产品A	¥　88,070	¥　33,890	¥　456,890	¥　78,906
产品B	¥　66,900	¥　45,890	¥　67,890	¥　66,666
产品C	¥　55,448	¥　55,550	¥　88,790	¥　55,555
产品D	¥　88,760	¥　88,900	¥　88,908	¥　88,888

当你看到第一行的行距明显比其他行的大，很想调整，把鼠标指针移动到第一行的底线处，当指针变成 ⇕ 形状时，单击的同时向上拖曳鼠标，但行距始终不能调整。但是呢，当你

往下拖曳鼠标，加大行距时，它是可以实现的。那么这时就是默认字号的问题了。

选中第一行的所有单元格，切记是选中第一行所有的单元格！如果你因为第一个单元格没有文字，就不选它，那是不行的。接着右击，我们看到字号是"20"，现在我们单击【字号】下拉按钮，然后选择"10.5"的字号，当然你可以根据实际情况来选择字号。

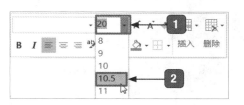

1 单击【字号】下拉按钮。

2 在弹出的下拉菜单中选择【10.5】选项。

然后再调整行距，就可以啦。看第一行！

	第1季度	第2季度	第3季度	第4季度
产品A	￥ 88,070	￥ 33,890	￥ 456,890	￥ 78,906
产品B	￥ 66,900	￥ 45,890	￥ 67,890	￥ 66,666
产品C	￥ 55,448	￥ 55,550	￥ 88,790	￥ 55,555
产品D	￥ 88,760	￥ 88,900	￥ 88,908	￥ 88,888

另外一种情况，就是光标的位置问题了。如果光标的位置像下图这种情况，鼠标再怎么往上拖曳，也无济于事。

季度\产品	第1季度	第2季度	第3季度	第4季度
产品A	￥ 88,070	￥ 33,890	￥ 456,890	￥ 78,906
	￥ 66,900	￥ 45,890	￥ 67,890	￥ 66,666
产品C	￥ 55,448			
		￥ 55,550	￥ 88,790	￥ 55,555
产品D	￥ 88,760	￥ 88,900	￥ 88,908	￥ 88,888

1 光标的位置。

2 鼠标指针的位置。

这时，我们只需按【Backspace】键，行距就会自动调整到和字号相符的行距了。

	第1季度	第2季度	第3季度	第4季度
产品A	￥ 88,070	￥ 33,890	￥ 456,890	￥ 78,906
产品B	￥ 66,900	￥ 45,890	￥ 67,890	￥ 66,666
产品C	￥ 55,448	￥ 55,550	￥ 88,790	￥ 55,555
产品D	￥ 88,760	￥ 88,900	￥ 88,908	￥ 88,888

痛点 2：斜线表格如何输入表头

有没有发现，没有斜线表头的表格看起来很别扭，那就跟着我来学习在斜线表格中输入表头吧。

利用边框绘制斜线表头，首先选中表格的第一个单元格并右击。

	第1季度	第2季度	第3季度	第4季度
产品A	￥ 88,070	￥ 33,890	￥ 456,890	￥ 78,906
产品B	￥ 66,900	￥ 45,890	￥ 67,890	￥ 66,666
产品C	￥ 55,448	￥ 55,550	￥ 88,790	￥ 55,555
产品D	￥ 88,760	￥ 88,900	￥ 88,908	￥ 88,888

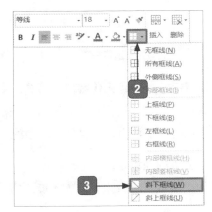

1️⃣ 选中表格的第一个单元格并右击。

2️⃣ 单击【边框】的下拉按钮。

3️⃣ 在弹出的下拉菜单中选择【斜下框线】选项。

然后在单元格内输入文字，接着可以通过空格键或【Enter】键来将文字移动到合适的位置。

季度\产品	第1季度	第2季度	第3季度	第4季度
产品A	¥ 88,070	¥ 33,890	¥ 456,890	¥ 78,906
产品B	¥ 66,900	¥ 45,890	¥ 67,890	¥ 66,666
产品C	¥ 55,448	¥ 55,550	¥ 88,790	¥ 55,555
产品D	¥ 88,760	¥ 88,900	¥ 88,908	¥ 88,888

有时候你会发现空格键和【Enter】键不能很好地调整文字位置，那么这时候，文本框就可以助我们一臂之力了。

巧妙地利用文本框，选择【插入】选项卡，然后单击【文本】组中的【文本框】下拉按钮 ▾ 。

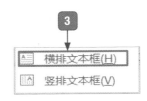

1️⃣ 选择【插入】选项卡。

2️⃣ 单击【文本框】下拉按钮 ▾ 。

3️⃣ 在弹出的下拉菜单中选择【横排文本框】选项。

在文本框中输入文字。

季度\产品	第1季度	第2季度	第3季度	第4季度
产品A	¥ 88,070	¥ 33,890	¥ 456,890	¥ 78,906
产品B	¥ 66,900	¥ 45,890	¥ 67,890	¥ 66,666
产品C	¥ 55,448	¥ 55,550	¥ 88,790	¥ 55,555
产品D	¥ 88,760	¥ 88,900	¥ 88,908	¥ 88,888

然后拖曳鼠标，调整文字的位置。不过我们应当知道，移动整个表格时，文本框中的文字不会像别的单元格中的文字一样跟着表格移动，这时就需要我们拖曳鼠标，调整文字的位置，如下图所示。

季度\产品	第1季度	第2季度	第3季度	第4季度
产品A	¥ 88,070	¥ 33,890	¥ 456,890	¥ 78,906
产品B	¥ 66,900	¥ 45,890	¥ 67,890	¥ 66,666
产品C	¥ 55,448	¥ 55,550	¥ 88,790	¥ 55,555
产品D	¥ 88,760	¥ 88,900	¥ 88,908	¥ 88,888

大神支招

问：使用手机办公，记住客户的信息很重要，如何才能使通讯录永不丢失？

人脉管理日益受到现代人的普遍关注和重视。随着移动办公的发展，越来越多的人脉数据会被记录在手机中，掌管好手机中的人脉信息就显得尤为重要。

1. 永不丢失的通讯录

如果手机丢了或损坏，就不能正常获取通讯录中联系人的信息，为了避免意外的发生，可以在手机中下载"QQ同步助手"应用，将通讯录备份至网络，发生意外时，只需要使用同一账号登录"QQ同步助手"，然后将通讯录恢复到新手机中即可，让你的通讯录永不丢失。

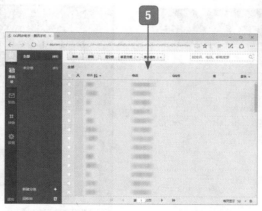

1 打开"QQ同步助手"应用界面，点击【设置】按钮。

2 点击【登录】按钮，登录"QQ同步助手"。

3 点击【备份到网络】按钮。

4 在弹出的界面中显示联系人备份进度。

5 打开浏览器，输入网址"http://ic.qq.com"，即可查看到备份的通讯录。

6 点击【恢复到本机】按钮，即可恢复通讯录。

251

2. 合并重复的联系人

有时通讯录中某一些联系人会有多个电话号码，也会在通讯录中保存多个相同的姓名，有时同一个联系方式会对应多个联系人。这种情况会使通讯录变得臃肿杂乱，影响联系人的准确快速查找。这时，使用QQ同步助手就可以将重复的联系人进行合并，解决通讯录联系

人重复的问题。

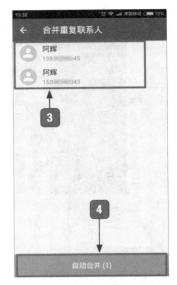

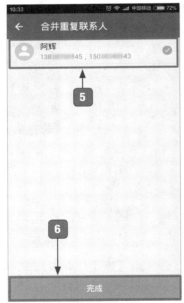

1 进入 QQ 同步助手【设置】界面，选择【通讯录管理】选项。

2 在【通讯录管理】界面中选择【合并重复联系人】选项。

3 显示可合并的联系人。

4 点击【自动合并】按钮。

5 显示合并结果。

6 点击【完成】按钮。

7 在弹出的提示框中点击【立即同步】按钮，重新同步通讯录。

第11章

电脑系统的优化与安全维护

>>> 电脑中病毒，手足无措？

>>> 系统盘空间越用越小，各种求救，却于事无补？

>>> 喝了杯茶，电脑还未开机，无用的启动项又来作怪？

这一章就来告诉你如何对电脑系统进行优化和安全维护！

11.1 系统修复与病毒防护

当前，电脑病毒十分猖獗，而且更具有破坏性、潜伏性。电脑染上病毒，不但会影响电脑的正常运行，使机器速度变慢，严重的时候还会造成整个电脑的彻底崩溃。因此，在使用电脑时，要注意对电脑的防护工作。

11.1.1 修复电脑系统

电脑系统的正常与否，影响着电脑的使用，当操作系统出现问题，如缺少驱动程序、系统漏洞等，就应及时处理，以确保电脑的正常运行。

1. 启动 360 安全卫士，单击【系统修复】图标。

2. 在打开的界面中单击【全面修复】按钮。

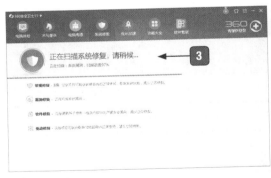

3. 软件即会对系统进行扫描。

4. 扫描完成后，选中要修复项目的复选框。

5. 单击【一键修复】按钮。

6 软件即会对电脑进行修复处理。

7 修复完成后，单击【完成修复】按钮即可。

11.1.2 病毒的查杀与防护

电脑感染病毒是很常见的，但是当遇到电脑故障的时候，很多用户不知道电脑是否感染病毒，即便知道了是病毒故障，也不知道该如何查杀病毒。

1 启动 360 安全卫士，单击【木马查杀】图标。

2 单击【快速查杀】按钮。

3 软件即会对电脑进行扫描。

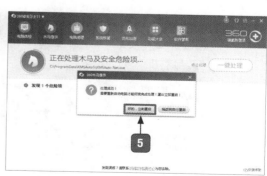

④ 扫描出危险项，即会弹出【一键处理】按钮，单击该按钮。

⑤ 提示处理成功，单击【好的，立刻重启】按钮，重启电脑完成处理；也可以单击【稍后我自行重启】按钮，自行重启电脑。

11.2 硬盘的优化

磁盘用得久了，总会产生这样或那样的问题，要想让磁盘高效地工作，就要注意平时对磁盘的管理。

11.2.1 系统盘瘦身

在安装专业的清理垃圾软件前，用户可以手动清理磁盘垃圾临时文件，为系统盘瘦身。

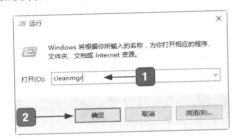

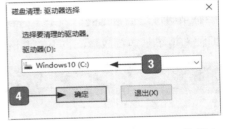

① 按【Windows+R】组合键，打开【运行】对话框，在【打开】文本框中输入【cleanmgr】命令。

② 单击【确定】按钮。

③ 单击【驱动器】右侧下拉按钮，选择系统盘的分区。

④ 单击【确定】按钮。

⑤ 电脑开始自动计算清理磁盘垃圾。

⑥ 在打开的界面中选中要删除文件的复选框。

⑦ 单击【确定】按钮，即可进行删除。

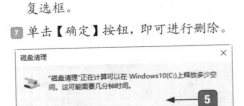

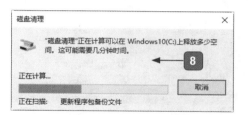

8 系统开始自动清理磁盘中的垃圾文件，并显示清理的进度。

如果觉得上述方法操作较为麻烦，可以使用 360 安全卫士中的【系统盘瘦身】工具，解决系统盘空间不足的问题。

1 启动 360 安全卫士，单击【功能大全】图标。

2 选择【系统工具】选项。

3 单击【系统盘瘦身】图标，添加该工具。

4 软件即会给出能够释放的空间，单击【立即瘦身】按钮。

5 由于部分文件需要重启电脑后才能生效，单击【立即重启】按钮，重启电脑。

11.2.2 磁盘的优化

随着时间的推移，用户在保存、更改或删除文件时，卷上会产生碎片。通过磁盘优化，可以有效地提高磁盘的使用性能。

1. 单击【开始】按钮。

2. 选择【所有应用】→【Windows 管理工具】→【碎片整理和优化 驱动器】选项。

3. 选择要优化的磁盘。

4. 单击【优化】按钮。

5. 优化完成后，当前状态则显示为 "正常"。

11.2.3 查找电脑中的大文件

使用 360 安全卫士的查找大文件系统工具可以查找电脑中的大文件，将占空间的大文件从电脑中删除。

1️⃣ 启动 360 安全卫士，单击【功能大全】图标。

2️⃣ 选择【系统工具】选项。

3️⃣ 单击【查找大文件】图标，添加该工具。

4️⃣ 选中要扫描磁盘的复选框。

5️⃣ 单击【扫描大文件】按钮。

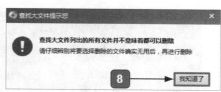

6️⃣ 软件会自动扫描磁盘的大文件，在扫描列表中，选中要清除的大文件的复选框。

7️⃣ 单击【删除】按钮。

8️⃣ 在弹出的提示框中单击【我知道了】按钮。

9️⃣ 确定清除的文件没问题，单击【立即删除】按钮。

🔟 提示清理完毕后，单击【关闭】按钮即可。

11.3 系统优化

电脑使用一段时间后，会产生一些垃圾文件，包括被强制安装的插件、上网缓存文件、系统临时文件等，这就需要通过各种方法来对系统进行优化处理了。

11.3.1 禁用开机启动项

在电脑启动的过程中，自动运行的程序称为开机启动项，开机启动程序会浪费大量的内存空间，并减慢系统启动速度，因此，要想加快开关机速度，就必须禁用一部分开机启动项。

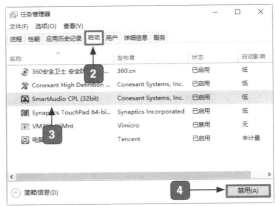

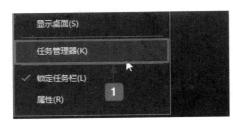

1️⃣ 右击任务栏，在弹出的快捷菜单中，选择【任务管理器】命令。

2️⃣ 在【任务管理器】窗口中，选择【启动】选项卡，即可看到系统当中的启动项列表。

3️⃣ 选择要开机禁用的项目。

4️⃣ 单击【禁用】按钮即可禁用。

另外，也可以使用 360 安全卫士、QQ 电脑管家管理开机程序。

1️⃣ 启动 360 安全卫士，单击【优化加速】图标。

2️⃣ 单击【启动项】按钮。

3️⃣ 默认选择【启动项】选项卡，显示了当前启动项的详细列表。

4️⃣ 单击【禁止启动】按钮，即可禁止该项目。

11.3.2 清理系统垃圾

电脑长时间使用后，会产生很多系统垃圾，影响电脑系统的正常运行，要定期对电脑进行清理。

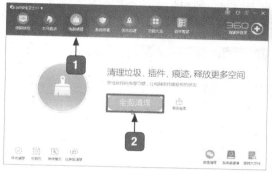

① 启动 360 安全卫士，单击【电脑清理】图标。

② 单击【全面清理】按钮。

③ 软件即会扫描电脑中的垃圾文件。

④ 扫描完毕，即会显示有垃圾文件的软件垃圾、系统垃圾等，选中要清理的垃圾文件。

⑤ 单击【一键清理】按钮。

⑥ 清理完成后，单击【完成】按钮即可。

痛点解析

痛点：如何防止桌面文件意外丢失

小白：为什么每次重装系统，我电脑桌面上的文件资料总是不翼而飞了呢？

大神：那是因为 Windows 桌面文件默认在系统盘中，重装系统将系统盘格式化了，所以就丢失了。

小白：那有什么办法呢？

大神：可以修改桌面文件的存储位置，这样不仅节省系统盘占用空间，还防止桌面文件因为系统问题丢失。

 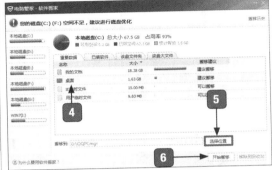

① 启动电脑管家，单击底部的【工具箱】按钮。

② 选择【系统】选项。

③ 单击【软件搬家】图标，添加软件搬家工具。

④ 选择【本地磁盘 (C:)】→【重要数据】→【桌面】选项。

⑤ 单击【选择位置】按钮，选择要更改的存储位置。

⑥ 单击【开始搬移】按钮。

 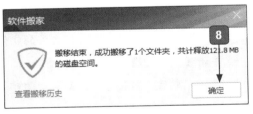

⑦ 软件即会对桌面文件进行搬移。

⑧ 搬移成功后，单击【确定】按钮即可。此后，桌面上所有放置的文件，都会在新路径下。

大神支招

问：**手机通讯录或微信中包含很多客户信息，能否将客户分组管理，方便查找**？

　　使用手机办公，必不可少的就是与客户的联系，如果通讯录中客户信息太多，可以通过分组的形式管理，这样不仅易于管理，还能够根据分组快速找到合适的人脉资源。

1. 在通讯录中将朋友分类

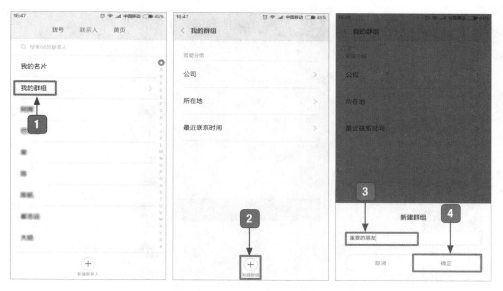

1️⃣ 打开通讯录界面，选择【我的群组】选项。

2️⃣ 在打开的界面中点击【新建群组】按钮。

3️⃣ 在【新建群组】文本框中输入群组名称。

4️⃣ 点击【确定】按钮。

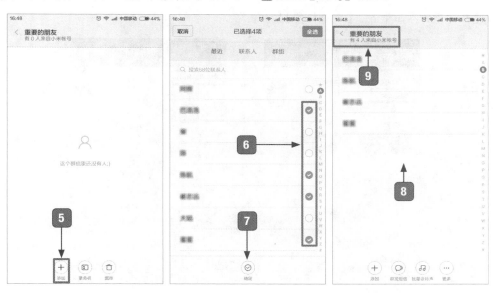

5️⃣ 点击【添加】按钮。

6️⃣ 选择要添加的名单。

7️⃣ 点击【确定】按钮。

8️⃣ 即可完成分组。

9️⃣ 点击【返回】按钮，重复上面的步骤，
继续创建其他分组。

2. 微信分组

1 打开微信界面，点击【通讯录】按钮。　　4 选择要添加至该组的朋友。

2 选择【标签】选项。　　　　　　　　　　5 点击【确定】按钮。

3 在打开的界面中点击【新建标签】按钮。

 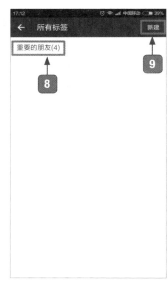 

6 在打开的界面中输入标签名称。　　　　　9 点击【新建】按钮可创建其他分组标签。

7 点击【保存】按钮。

8 即可完成分组创建。

第 12 章

电脑系统的备份与还原

>>> 电脑系统不会备份，如何才能不求人？

>>> 不是所有情况都得重装电脑，原来恢复初始化也可以！

>>> 对于新手，重新安装系统是个难题，四步曲轻松玩转！

这一章就来告诉你如何应对电脑系统的备份与还原的问题！

12.1 使用一键 GHOST 备份与还原系统

与 Windows 的备份功能相比，一键 GHOST 有着操作简单的优势，是备份与还原系统的首选。

12.1.1 一键备份系统

使用一键 GHOST 备份系统的操作步骤如下。

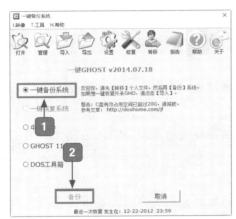

1 下载并安装一键 GHOST 后，启动软件，在其界面中，选中【一键备份系统】单选按钮。

2 单击【备份】按钮。

3 弹出【一键 GHOST】提示框，单击【确定】按钮。

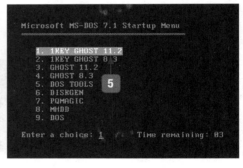

4 系统开始重新启动，并自动打开 GRUB4DOS 菜单，在其中选择第一个选项。

5 弹出【MS-DOS 一级菜单】界面，在其中选择第一个选项，表示在 DOS 安全模式下运行 GHOST 11.2。

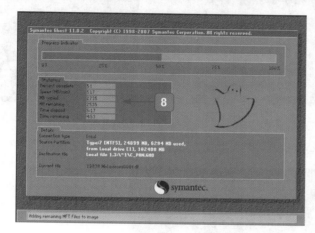

6 弹出【MS-DOS 二级菜单】界面，在其中选择第一个选项，表示支持 IDE、SATA 兼容模式。

7 单击【备份】按钮。

8 此时，GHOST 开始备份系统。

12.1.2 一键还原系统

使用一键 GHOST 还原系统的操作步骤如下。

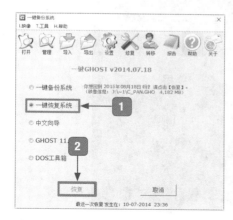

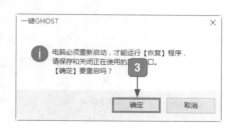

1 选中【一键恢复系统】单选按钮。

2 单击【恢复】按钮。

3 弹出【一键GHOST】提示框，单击【确定】按钮。

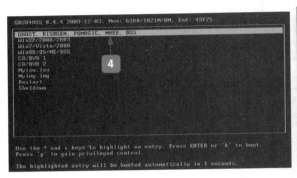
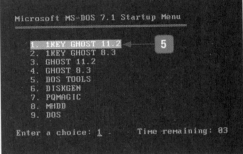

4 打开 GRUB4DOS 菜单，在其中选择第一个选项。

5 弹出【MS-DOS 一级菜单】界面，在其中选择第一个选项。

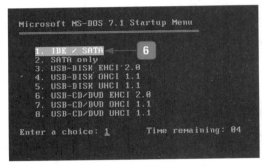

6 弹出【MS-DOS 二级菜单】界面，在其中选择第一个选项。

7 单击【恢复】按钮。

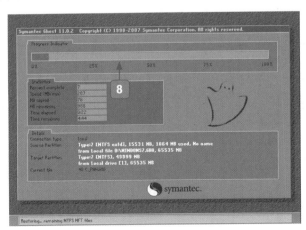

⑧ 此时，电脑即可开始恢复系统。

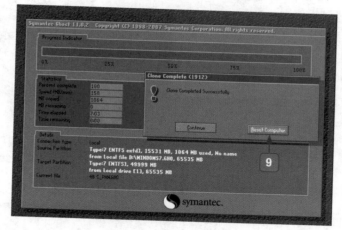

⑨ 在系统还原完毕后，将打开一个信息提示框，提示用户恢复成功，单击【Reset Computer】按钮重启电脑，然后选择从硬盘启动，即可将电脑恢复到以前的系统。

12.2 重置电脑系统

重置电脑系统可以在电脑出现问题时方便地将系统恢复到初始状态，而不需要重装系统。

1. 在可开机状态下重置电脑系统

在可以正常开机并进入 Windows 10 操作系统后重置电脑的具体操作步骤如下。

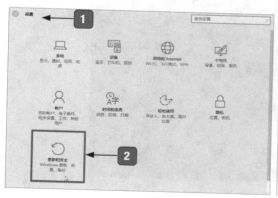

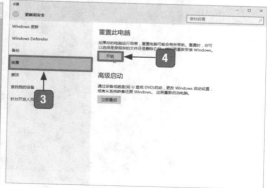

① 按【Windows+I】组合键，打开【设置】面板。

② 单击【更新和安全】图标。

③ 选择【恢复】选项。

④ 在【重置此电脑】区域中单击【开始】按钮。

5 在打开的界面中选择【保留我的文件】选项。

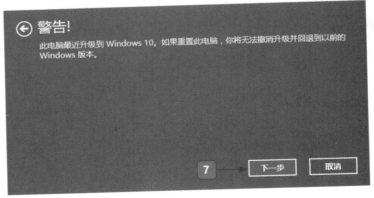

6 在打开的界面中单击【下一步】按钮。

7 在打开的界面中单击【下一步】按钮。

8 在打开的界面中单击【重置】按钮。

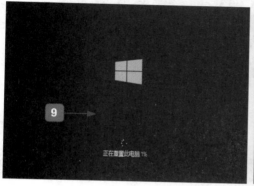

9 电脑重新启动，开始进行重置。

10 重置完成后即可进入 Windows 安装界面。

11 安装完成后自动进入 Windows 10 桌面，并可看到恢复电脑时删除的应用列表。

2. 在不可开机情况下重置电脑系统

如果 Windows 10 操作系统出现错误，开机后无法进入系统，此时可以在不开机的情况下重置电脑系统，具体操作步骤如下。

1 当系统启动失败两次后，第三次启动即会进入【选择一个选项】界面。

2 单击【疑难解答】图标。

3 在打开的界面中单击【重置此电脑】图标，其后的操作与在可开机的状态下重置电脑系统操作相同，这里不再赘述。

12.3 重新安装系统

当遇到系统无法启动、运行缓慢、频繁出错等问题时，可以通过重装系统解决，本节讲述如何安装操作系统。

12.3.1 设置电脑的第一启动

在安装操作系统之前首先需要设置 BIOS，将电脑的启动顺序设置为光驱启动或 U 盘启动。

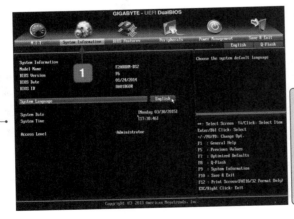

提示：不同的电脑主板，其 BIOS 启动热键也是不同的，如常见的有【Esc】【F2】【F8】【F9】和【F12】等，具体可以参见主板说明书或上网查找对应主板的启动热键。

1️⃣ 在开机时按下【Del】键，进入 BIOS 设置界面，选择【System Information】(系统信息) 选项卡。

2️⃣ 在弹出的【System Language】列表中，选择【简体中文】选项。

3️⃣ 面板语言则变成中文，切换到【BIOS 功能】选项卡。

4️⃣ 在下面功能列表中，单击【启动优先权 #1】后面的按钮。

提示：弹出【启动优先权 #1】对话框，在列表中选择要优先启动的介质，如果是 DVD 光盘，则设置 DVD 光驱为第一启动；如果是 U 盘，则设置 U 盘为第一启动。

5️⃣ 设置完毕后，按【F10】键，弹出【储存并离开 BIOS 设定】对话框，单击【是】按钮完成 BIOS 设置。

12.3.2 打开安装程序

设置启动项之后，就可以放入安装光盘或插入 U 盘，来打开安装程序。

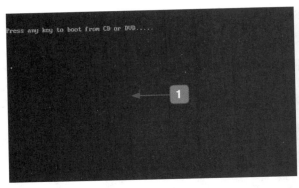

> **提示：** 如果是 U 盘安装介质，将 U 盘插入电脑 USB 接口，并设置 U 盘为第一启动后，打开电脑电源键，屏幕中出现 "Start booting from USB device" 提示，并自动加载安装程序。

1️⃣ 将 Windows 10 操作系统的安装光盘放入光驱中，重新启动计算机，出现 "Press any key to boot from CD or DVD" 提示后，按任意键开始从光盘启动安装。

2️⃣ Windows 10 安装程序加载完毕后，将进入此界面，用户无须进行任何操作。

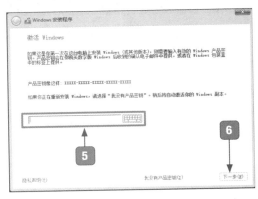

3️⃣ 弹出【Windows 安装程序】窗口，保持默认设置，单击【下一步】按钮。

4️⃣ 在打开的界面中单击【现在安装】按钮。

5️⃣ 输入购买 Windows 系统时微软公司提供的密钥，为 5 组 5 位阿拉伯数字和英文字母组成。

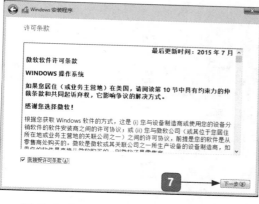 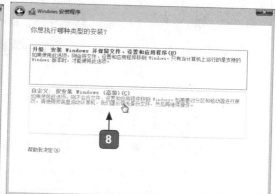

[6] 单击【下一步】按钮。

[7] 在打开的界面中单击【下一步】按钮。

[8] 在打开的界面中选择【自定义：仅安装 Windows（高级）】选项。

12.3.3 为磁盘进行分区

在选择安装位置时，可以将磁盘进行分区并格式化处理，最后选择常用的系统盘 C 盘。

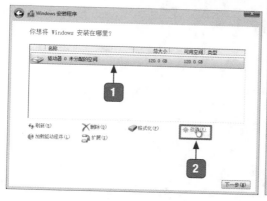 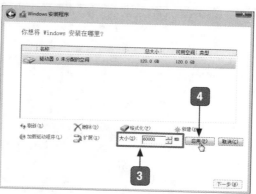

[1] 选择要安装的磁盘。

[2] 单击【新建】按钮。

[3] 在【大小】文本框中输入【60000】分区参数。

[4] 单击【应用】按钮。

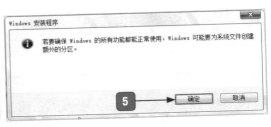

提示：1GB=1024MB，上图中"60000MB"约为"58.6GB"。对于 Windows 10 操作系统，系统盘容量为 50~80GB 最为合适。

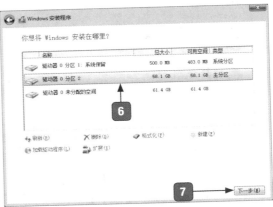

5 在打开的提示框中单击【确定】按钮。

6 创建其他分区。

7 单击【下一步】按钮。

提示：打开信息提示框，提示用户若要确保 Windows 的所有功能都能正常使用，Windows 要为系统文件创建额外的分区。

12.3.4 系统安装设置

设置完成之后，就可以开始进行系统的安装和系统设置。

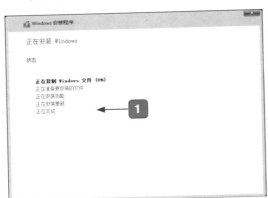

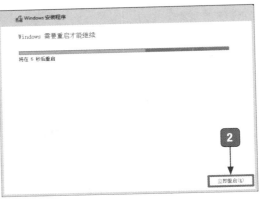

1 打开【正在安装 Windows】界面，并开始复制和展开 Windows 文件，此步骤为系统自动进行，用户需要等待其复制、安装和更新完成。

2 安装更新完毕后，弹出此界面，单击【立即重启】按钮或等待其自动重启电脑。

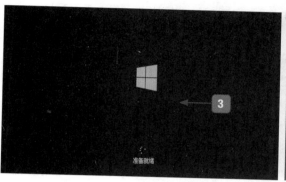

③ 电脑重启后，系统会自动安装设置，等待即可。

④ 在【快速上手】界面中，单击【使用快速设置】按钮。

⑤ 此时，系统则会自动获取关键更新，用户不需要进行任何操作。

⑥ 在打开的界面中选择【我拥有它】选项。

⑦ 单击【下一步】按钮。

⑧ 在【个性化设置】界面中填写微软账户和密码。　　　⑨ 单击【登录】按钮。

⑩ 设置完毕后，即可进入桌面，提示用户是否启用网络发现协议，单击【是】按钮。此时系统已安装完毕。

> **提示**：如无微软账号，或者暂时不想注册，可单击【跳过此步骤】按钮。

痛点解析

痛点：如何制作 U 盘系统启动盘

小白：大神，现在的电脑上都没有光驱，如何安装系统呢？

大神：那你可以使用 U 盘安装操作系统。

小白：U 盘？

大神：是的，一般的 U 盘就可以制作系统启动盘，比 DVD 安装盘制作更简单，使用更方便，平时当 U 盘使用，需要的时候就是修复盘。

小白：真的吗？是如何制作的呢？

大神：首先准备一个 8GB 的 U 盘，可以借助"U 启动"工具制作。把准备好的 U 盘插在电脑 USB 接口上，下载并安装"U 启动"启动盘制作工具，就可以按照下面的方法操作了。

❶ 选择【默认模式（隐藏启动）】选项卡。

❷ 在【请选择】下拉列表框中选择需要制作启动盘的 U 盘。

❸ 在【信息提示】提示框中单击【一键制作启动 U 盘】按钮。

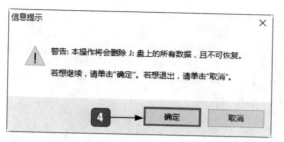

4 确保 U 盘数据已备份，单击【确定】按钮。

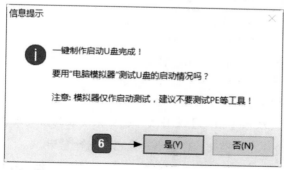

5 开始写入启动的相关数据，并显示写入的进度。

6 制作完成后，如果需要在模拟器中测试，可以在打开的提示框中单击【是】按钮。

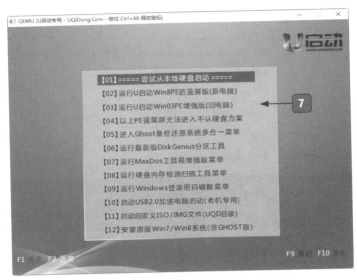

7 弹出 U 启动软件的系统安装的模拟器，读者可以模拟操作一遍，从而验证 U 盘启动盘是否制作成功。

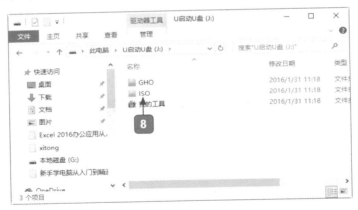

8 在电脑中打开 U 盘启动盘，可以看到其中有【GHO】和【ISO】两个文件夹，如果安装的系统文件为 GHO 文件，则将其放入【GHO】文件夹中；如果安装的系统文件为 ISO 文件，则将其放入【ISO】文件夹中。至此，U 盘启动盘已经制作完毕。

大神支招

问: 遇到重要的纸质资料时，如何才能快速地将重要资料电子化至手机中使用？

纸质资料电子化就是通过拍照、扫描、录入或 OCR 识别的方式将纸质资料转换成图片或文字等电子资料进行存储的过程。这样更有利于携带和查询。在没有专业的工具时，可以使用一些 APP 将纸质资料电子化，如印象笔记 APP，可以使用其扫描摄像头对文档进行拍照并进行专业的处理，处理后的拍照效果更加清晰。

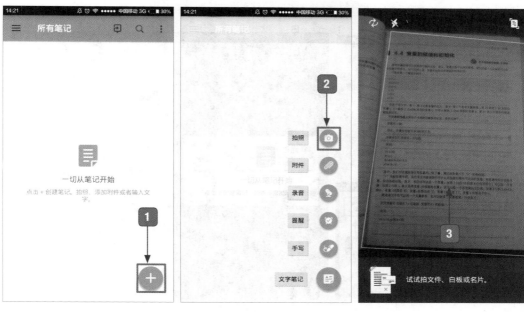

1 点击【新建】按钮。

2 在打开的界面中点击【拍照】按钮。

3 对准要拍照的资料。

4 印象笔记会自动分析并拍照，完成电子化操作。

⑤ 点击此下拉按钮。

⑥ 在打开的界面中选择【照片】类型。

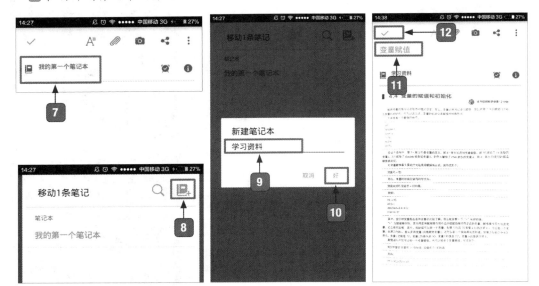

⑦ 点击【我的第一个笔记本】图标。

⑧ 在打开的界面中点击【新建笔记本】按钮。

⑨ 在打开的界面中输入新建笔记本名称。

⑩ 点击【好】按钮。

⑪ 在打开的界面中输入笔记本标签名称。

⑫ 点击【确认】按钮，完成保存操作。